教習がどこまで進んだか自身で確認しましょう!

受講番号		氏名	

教習課目セルフチェックリスト

学科科目

小型船舶の船長の心得及び遵守事項		チェック ✔
第1課	水上交通の特性	
第2課	小型船舶の船長の心得	
第3課	小型船舶の船長の遵守事項	

交通の方法		チェック ✔
第1課	一般水域での交通の方法（海上衝突予防法）	
第2課	湖川及び特定水域での交通の方法（都道府県条例等）	
第3課	港内及び特定海域での交通の方法	

運航		チェック ✔
第1課	運航上の注意事項	
第2課	操縦一般	
第3課	航法の基礎知識	
第4課	点検・保守	
第5課	気象・海象の基礎知識	
第6課	事故対策	

実技科目

小型船舶の取扱い			チェック ✔
第1課	発航前の準備及び点検	発航前の準備	
		エンジンの点検	
		法定備品及び書類の点検	
		艇体の点検	
		エンジンの始動及び停止	
第2課	結索（ロープワーク）	もやい結び（2通り）	
		巻き結び（2通り）	
		ひとえつなぎ	
		クリート止め	

操縦			チェック ✔
第1課	安全確認	見張り・安全確認・周囲の状況に応じた航行	
第2課	発進・直進・停止	発進	
		直進	
		停止	
第3課	旋回・連続旋回	単旋回	
		8の字旋	
		連続旋	
第4課	危険回避	危険回	
第5課	人命救助	救助方	
まとめ（修了試験の一例）		コース1	
		コース2	
付録DVD視聴（自宅学習可）		ジェット噴流	
		トーイング	
		えい航	
		その他の注意点	

JN193593

目次 CONTENTS

第 **3** 章
67 ▶ 運航

学科 に 関 する 科目

第1章 小型船舶の船長の心得及び遵守事項

第2章 交通の方法

第3章 運航

第1章

小型船舶の船長の心得及び遵守事項

第1課　水上交通の特性

　水上交通は陸上交通と大きく違います。普段接している陸上交通と同様に考えていると、思わぬ事故を起こします。水上における交通の特性をよく理解しておきましょう。

【1-1】陸上交通との違い

1　自然環境

（1）水に浮いている

　水上では、波やうねりがあったり、潮流や川の流れがあったりするので、船は簡単に流されてしまいます。意識していなければ、同じところに止まったり、真っ直ぐ走ったりすることはできません。

（2）気象の変化

　海上では、天気がすぐに変わることがあります。出航したときは良い天気で風もなかったのに、急に風が強くなり波も高くなることは、特に珍しいことではありません。

（3）様々な障害物

　水面上には漁網やブイやゴミなどいろいろなものがあります。波が高かったり、太陽の水面反射がきつかったりすると、水面の状況が分からない場合があります。

(4) 自力航行

　水上において風や波が強くなった場合は、避難できるところまでは、自力で走っていかなければなりません。

　このように水上における自然環境は陸上とは全く違います。出航前には必ず情報収集を行い、決して無理をしないようにしましょう。

2 交通環境

(1) 船は右側通行

　船は右側通行が原則で、これは万国共通です。

(2) 道がない

　水上では、これから走るところは自分で決めなければなりません。速力の制限されている水域もほとんどないため、どこをどのように走れば安全で、周りに迷惑がかからないかを常に自身で判断することが求められます。

(3) 信号や標識が少ない

　信号、標識、表示によって自分の向かっている方向や位置が容易に確認できる陸上交通とは異なり、水上においては、自分の位置を確認する方法（知識や機器）を確保しておく必要があります。

(4) 自船の位置

　水上では、霧などが発生して視界が悪くなることがあります。目標の少ない水上では、周囲の状況だけでなく、自分の位置さえ分からなくなってしまうことがあります。

(5) 頼れるのは自分だけ

　水上で故障した場合は、他人には頼れない場合が多いことを知っておかなければなりません。

3 危険性

（1）通信手段が必要

　水上ではよほどのことがない限り、こちらから呼びかけなければ誰も来てはくれません。エンジンが止まってしまって漂流したり、水中に転落してしまったりしても、最悪の場合、トラブルを起こしたことを誰にも気付いてもらえない可能性があります。単独での航行をできるだけ避けるとともに、通信手段と連絡方法は、必ず確保しておく必要があります。

（2）目に見えない危険

　水上を航行していると、水面下に潜む暗礁（あんしょう）などの危険には対処できない場合があります。出航前に、海図やマリーナなどから最新の情報を入手し、利用する水域の状況を十分に調査しておく必要があります。

（3）救援に時間が必要

　水上で何らかの事故が発生したとき、陸上からの救助にはかなりの時間がかかります。いったん出航したら、自力で安全に航行するための知識と能力が求められます。

4 様々な水域利用者の存在

　水上は、様々な場面でいろいろな人によって同じ水域が利用されています。

（1）商船、旅客船、工事や作業をする船

（2）定置網や養殖漁業、漁船による漁業

（3）魚釣りやクルージングを楽しむボート、水上オートバイ、ヨット

（4）ボードセーリング、サーフィン、ダイビング、海水浴、潮干狩り

【1-2】 水域利用者の特性及び注意事項

1 レジャーで水域を利用する者に対する注意

（1）遊泳区域やダイビングスポットにはできるだけ近づかないようにしましょう。

（2）ボードセーリングや手こぎボートは、引き波（船が走るときにできる波）の影響で転倒や転覆する危険があるので、できるだけ離れて航行しましょう。やむを得ず接近する場合は、速力を落とし、引き波を立てないように航行しましょう。

（3）船からでは、遊泳者を見つけにくいことが多いものです。遊泳者がいるのでは、と感じたら直ちに速力を落とし、周囲の安全をよく確認しましょう。

2 大型船の特性

　大型船には小型船と異なった「泣き所」とも言える次のような特性があります。大型船と出会ったら、早めに進路を避けましょう。

（1）死角が大きい

　大型船は、船首前方に、自船の船首の陰になる大きな死角ができます。死角は、船が大きくなるほど大きくなり、中には数百メートルになる場合もあります。

（2）変針が鈍い

　舵を取ってもすぐに針路の変更ができません。

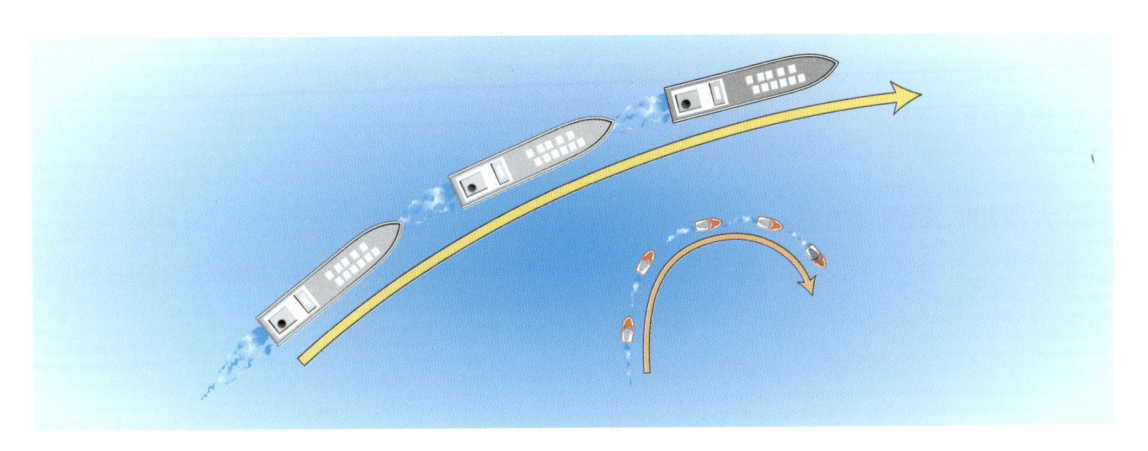

（3）緊急停止ができない

　停止するまでに数百メートルから数キロメートルも走ってやっと止まるものがあります。

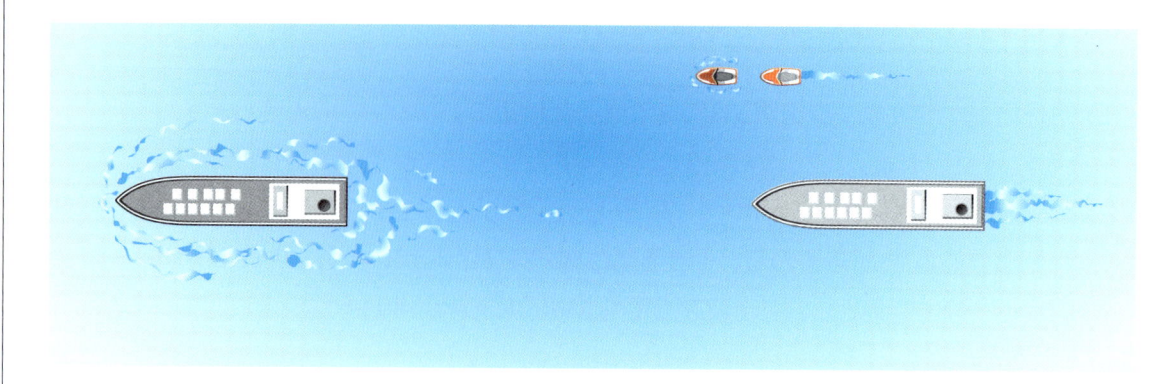

（4）針路保持が精一杯

　狭い水道などを航行しているときは、自船の針路保持に精一杯で、他の船を避ける余裕のないことがあります。

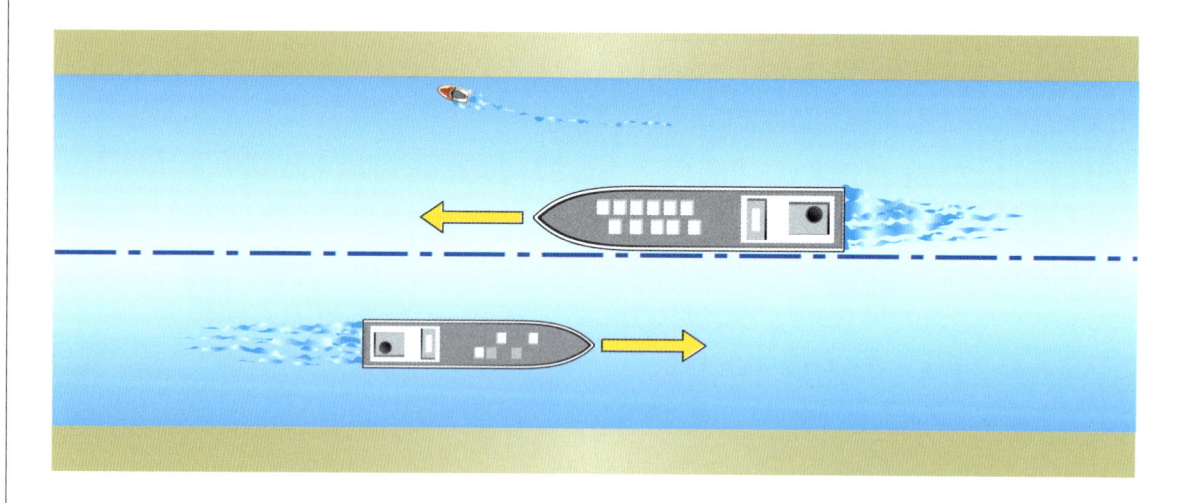

（5）大型船の付近は危険がいっぱい

　大型船の船首付近では大きな波が発生します。走り去った後にできる引き波も想像以上に大きいものです。また、船側付近を横に並んで走ると吸引作用が働いて吸い寄せられてしまいます。

（6）大型船はスピードが速い

　ゆっくりと走っているように見えても、スピードはモーターボートと変わらないものもあります。

3 漁船の特性

(1) 漁船は、漁業の種類により様々な特性があります。単独で操業するものもあれば集団で操業するものもあります。急変針するものもあります。

(2) 操業中は漁に専念しているため見張りがおろそかになっている場合もあります。

(3) 操業中は操船が自由にならない場合が多くあります。モーターボートや水上オートバイは、操業中の漁船を見掛けたら十分避けて航行しましょう。

4 ヨットの特性

(1) 風を利用して航行するため、操縦が自由にならないことがあります。特に風上への航行は斜めにしか走れません。

(2) モーターボートとは違った動きをしますので、その特性を十分に理解しておく必要があります。

(3) 帆走している（帆を揚げて走っている）ヨットは、モーターボートのように容易に針路を変更できません。

(4) 大きな帆が死角を作り、接近する船が見えない場合もあります。ヨットを見掛けたら十分避けて航行しましょう。

帆走中

機走中

5 水上オートバイの特性

　水上オートバイは、小型軽量な艇体に高出力のエンジンを搭載し、ジェット水流による推進力を利用して水上を疾走するため、一般の小型船舶とは異なる特性があります。水上オートバイの特性を十分理解しておきましょう。

（1）特有の操縦特性を持つ

　水上オートバイは、「舵がなく、船尾から噴射する水流の向きを変えることで方向を変える」ことと「身体バランスを利用して操縦を行う」という一般の小型船舶とは全く違った操縦特性を持っています。

（2）加速性がよく、
　　操縦性能が高い

　小型軽量な艇体に高出力のエンジンを搭載しているため、加速がよく、高速航行が可能です。また、操縦性能が高く、小さな半径で旋回できます。

（3）水の抵抗で減速・停止する

　水の抵抗によって、減速、あるいは停止します。モーターボートのようにプロペラを反転させて急停止することはできません。操縦する水上オートバイの停止距離を知って、余裕を持った操縦を心掛けましょう。

（4）浅瀬を航行できる

　プロペラや舵（かじ）などの突起物が
ないため、比較的浅い場所でも航
行することが可能です。

（5）転覆（てんぷく）する

　水上オートバイは転覆すること
を前提に設計されていて、人の力
で復原できます。

（6）自然にさらされている

　直射日光や波の衝撃により、体力を消耗します。適度に休息を取りながら余裕を持って
楽しみましょう。

【1-3】 漁業に関連する注意

　プレジャーボートが航行する水域は、同時に漁業者にとっては生活の場でもあります。沿岸にはいろいろな漁具が設置され、小型漁船が操業をしています。設置された定置網に乗り揚げたり、漁具を引っ掛けたりしないようにしましょう。

1　漁具・漁法

（1）潜水漁業

　操業中の船はほとんど動きません。潜水中を示す旗（A旗）が揚がっていることがあります。船上に誰もいないこともあります。ダイバーがいる可能性がある水域からは、大きく遠ざかって航行しましょう。

（2）定置網漁業、えり漁業

　海面に出る漁網上部にブイや発泡スチロール等の浮体が設置されています。網に魚を誘導する垣網（かきあみ）は、長さが数百メートルに及ぶものもあります。ブイは海中に沈んで一部が見えない場合もあります。

　えりは、干潟になるところや湖など水深の浅いところに設置される定置漁具です。竹竿（たけざお）などを使って網を固定します。発見したら大きく避けて航行しましょう。

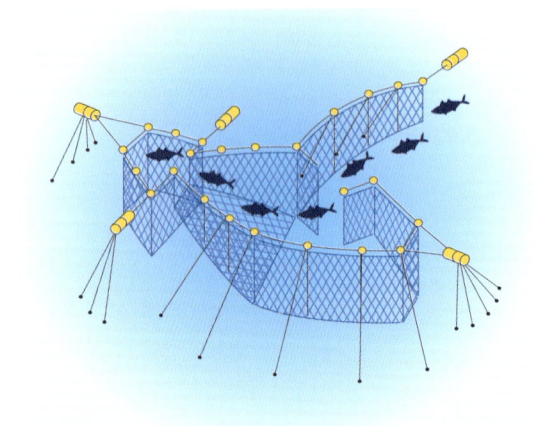

定置網漁業

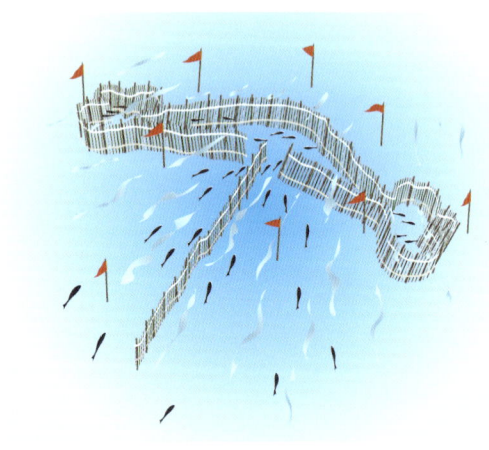

えり漁業

（3）刺し網漁業、はえ縄漁業、たこつぼ漁業

　いずれの漁法も目印のブイや旗竿が間隔を置いて複数浮かんでいます。目印の浮かんでいる方向をよく見て、これらは避けて航行しましょう。

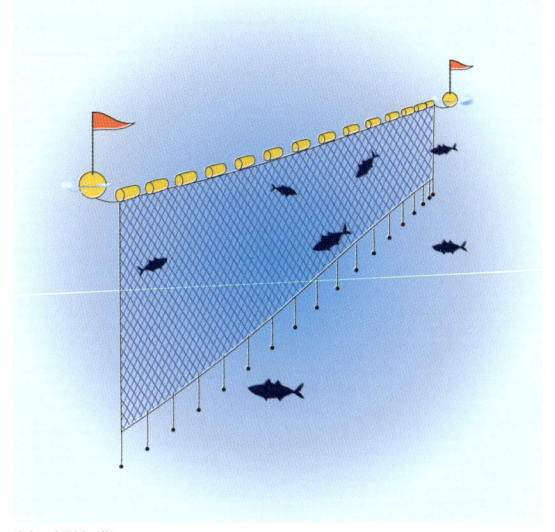

刺し網漁業

はえ縄漁業

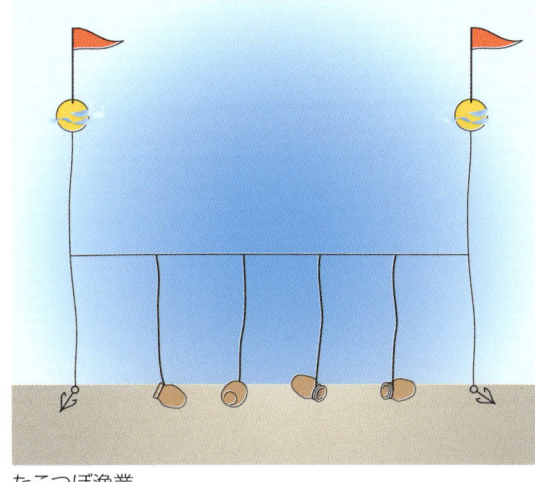

たこつぼ漁業

（4）底引網漁業・船引網漁業

　1隻あるいは2隻で、船尾方向に袋状の網を出し、水平方向に引いて魚介類を捕獲します。1隻で引いている場合は、船尾から1本あるいは2本のロープが後方に伸びています。2隻で引いている場合は、ほぼ平行に2隻が並んで航行し、同様に船尾からロープが出ています。水面下の後方にかなりの距離まで伸びていますので、十分余裕を見て大きく避けて航行しましょう。

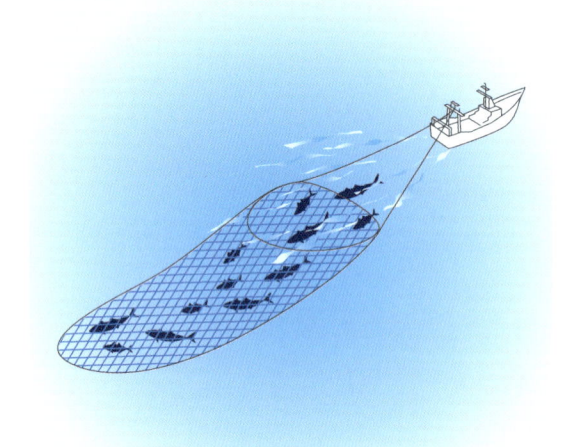

（5）引縄釣漁業

　船から何本かの竿を出して引き縄（釣り糸）を引いています。引き縄は視認しにくいのですが、数本の竿を船から横に出していることで確認できます。引き縄の長さは40〜50メートルかそれ以上あり、水面付近に浮いていることが多いので、十分余裕をみて通過しましょう。

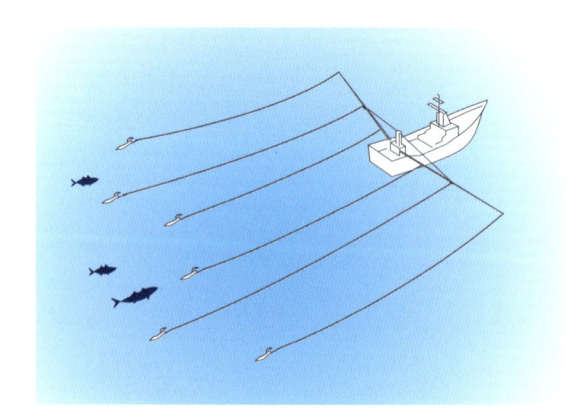

（6）巻き網漁業

　2隻（まれに1隻）の漁船により魚群を網で包囲します。魚群を発見するといきなり投網を始めるため、巻き込まれないよう注意が必要です。接近してきたら早めに避けるようにしましょう。

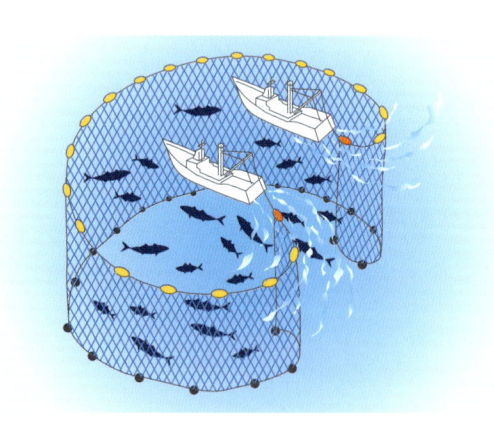

（7）養殖漁業

網や筏が水面に設置されていて、遠くからは見えにくいことがあります。網や筏に近づかないようにしましょう。

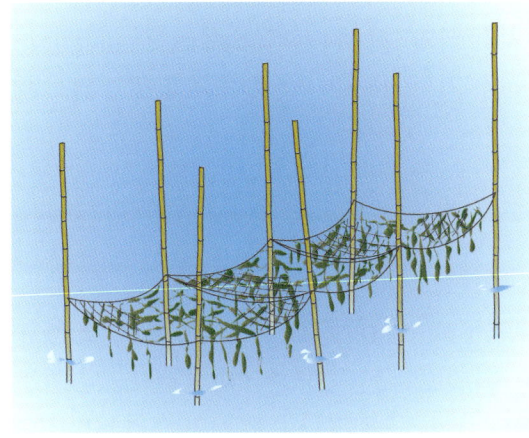

ノリ

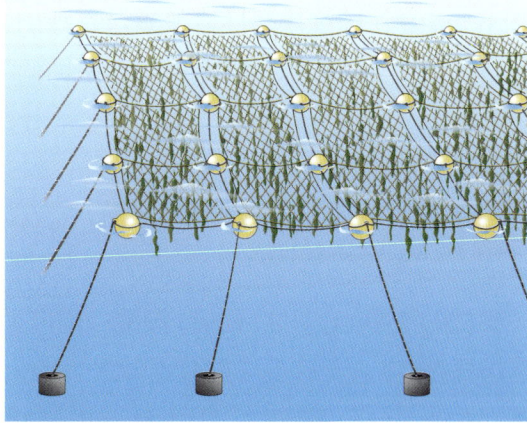

ノリ・浮き流し式

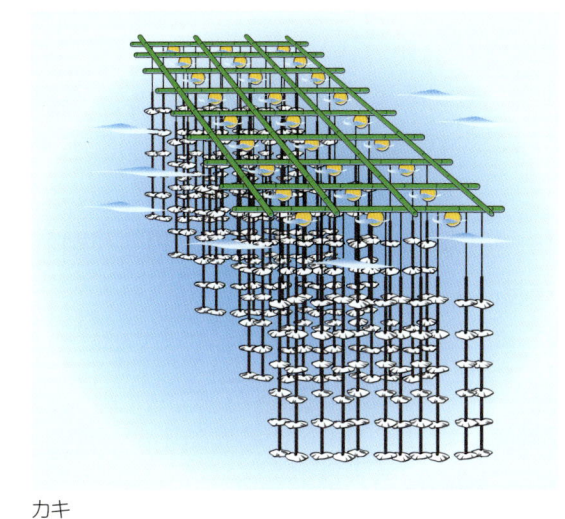

カキ

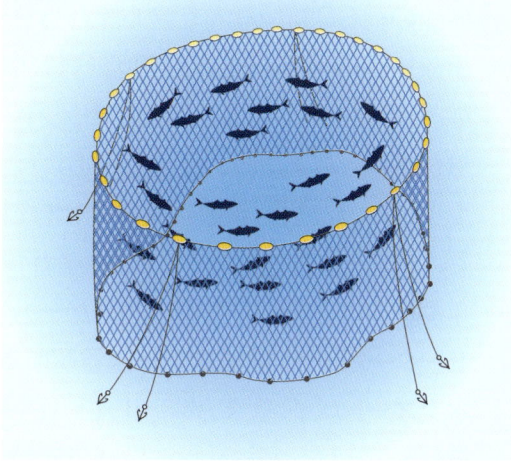

ハマチ

2　漁業権が設定されている水面

漁業権

都道府県知事（一部の漁場では農林水産大臣）の免許によって設定された一定の水面において、特定の漁業を一定の期間、認められた者のみで営む権利です。

① 漁具が設置されていない水面であっても、漁業権が設定されている場合があります。

② 漁業権の対象になっている水産動植物を採捕すると、罰則の対象となる場合があります。

③ 湖や川などの内水面でも、特定の水産動物が漁業権の対象になっている場合があります。

④ 釣りをする水域に漁業権が設定されていないか、事前に調べておく必要があります。

【1-4】船舶事故の発生状況

1　船舶事故の発生状況

　小型船舶の海難事故は海難事故全体の約８割を占めており、中でもモーターボート、ヨット、水上オートバイ等のレジャー用の船舶であるプレジャーボートの海難事故が約５割を占めていて、なかなか減らない状況です。

2　プレジャーボートの船舶事故の傾向

　事故の種類としては、衝突、機関故障による運航不能、乗揚げなどが多く、浸水、転覆などが続きます。その他に推進器障害やバッテリー過放電など、さまざまな要因による運航不能も多発しています。プレジャーボートの事故に共通する傾向として以下の点が挙げられます。

① 　事故の約80％が港内を含む岸から３海里以内で発生している
② 　事故原因の大半が人為的要因（見張り不十分、機関取扱い不良、船体機器整備不良など）で発生している。また、プレジャーボート以外の一般船舶に比べ、気象海象不注意が原因となる事故の割合が多い
③ 　夏季になると船舶事故が多く発生している。特に水上オートバイはその傾向が顕著で、操縦経験の浅い（１年未満）者が事故を起こす割合が高くなっている
④ 　年度によって多少の変動はあるが、船舶種類別に固有の傾向がある
　　モーターボート：機関故障による運航不能が特に多く、衝突、乗揚げと続く
　　水上オートバイ：衝突が突出していて、機関故障や推進器障害による運航不能が続く
　　ヨット　　　　：乗揚げが突出していて、衝突、機関故障や推進器障害による
　　　　　　　　　　　運航不能が続く

3　プレジャーボートの主な海難種類と原因

（1）機関故障による運航不能
　故障箇所別に見ると、燃料系、電気系、軸系、冷却水系の順に多く、発航前や定期的な点検整備で防止できる可能性のあるものが多く発生しています。
① 　エンジンの取扱い不良
　　発航前の点検が不十分であったり、航行中の取扱いが適切でなかった　　など
② 　整備不良
　　日常的な点検や整備が不十分であったり、不良箇所や老朽箇所を放置した　　など

（2）乗揚げ

　浅瀬や海苔網、定置網に乗揚げている。その多くは、水路調査不十分や見張り不十分、あるいは船位不確認が原因である。

① 水路調査不十分

　浅瀬や漁具の設置状況等を十分に把握せず出港したり、航行水域の水深や干潮時間を調べなかった　など

② 見張り不十分

　釣りに没頭していた等で見張りそのものを実施していなかったり、他の船舶に気をとられていた等で乗揚げ物件に気付かなかった　など

（3）衝突・単独衝突

　船舶が他の船舶に接触した場合を衝突、船舶が物件に接触して船舶又は物件に損害が生じた場合を単独衝突と分類しています。いずれも原因の多くは見張り不十分や操船不適切です。

① 見張り不十分

　釣りに没頭していた等で見張りそのものを実施していなかったり、他の船舶に気をとられていた等で衝突の危険がある船に気付かなかった　など

② 操船不適切

　衝突の危険がある船に気付いたが相手船の避航動作に期待してそのまま航行したり、無資格者が操縦していて適切な操船ができなかった　など

（4）操船技能不足による運航不能

　船種としては水上オートバイに多く、転覆したあと自力で復原できない等により漂流する事故が発生しています。原因の多くは、操船者の復原方法等に対する知識や技能が不足していることにあります。

1　ジェット噴流事故

　船長は、水上オートバイY号（定員3名）の後部座席の前側にAさん、後ろ側にBさんを乗せた状態で、直進や蛇行をしたり、Aさん・Bさんが落水したりして遊走を繰り返していました。

　Aさん・Bさんの服装は、水着に救命胴衣を着用していました。

　ジェット噴流事故が起きた時は、Bさんは、前に座っていたAさんの腰を救命胴衣の上から掴んでいました。

　2人を乗せた船長は、約60km/hの速力で航行中、前方に他船による波高約0.3mの波を発見しましたが、同じ速力のまま波を乗り越えても、船体がそれほど大きく動揺することはないと思い、約60km/hの速力で波を乗り越えたところ、船体が上下に揺れ、後部座席の後ろ側に座っていたBさんが船尾から落水しました。

　Bさんは、船尾部のジェットノズルから放出されていた噴流を下半身開口部に受け、出血性ショック及び直腸損傷等を負ってしまいました。

水上オートバイ後部座席から真後ろに水着で落水

運輸安全委員会による事故防止対策

水上オートバイの船長は

・同乗者に、落水防止の姿勢を確実に取るよう指示
　すること。

・同乗者にウェットスーツボトム等を着用させること。

・危険操縦の禁止

ウェットスーツボトム等を着用

2 トーイング事故

　水上オートバイＺ号（定員３名）は、船長が１人で乗り組み、Ａさんほか１人を乗せた円形の浮き輪型遊具を約20ｍのロープでえい航し、遊走していました。

　船長は、水上オートバイの操縦経験が15年以上あり、遊具をえい航した経験が多数ありましたが、今回の遊具の形は初めてでした。

　船長は、時々振り返って状況を確認しながら、約40〜50㎞/hの速力で直進し、大きく旋回した際、円形遊具が横転し、搭乗者２人が落水してしまいました。

　Ａさんは、水上オートバイとほぼ同じ速力で投げ出されたため、胸椎圧迫骨折等を負ってしまいました。

運輸安全委員会による事故防止対策

・船長は、遊具をえい航して旋回する際、遊具が遠心力により振られることを念頭に置き、安全な旋回半径及び速力で旋回すること。

小型船舶の船長の心得

免許を取得して、操縦免許証を手にしたときから、小型船舶の船長です。小型船舶の船長は、操縦をし、機関を取り扱い、船体や備品のメンテナンスも行うといったように1人で何役もこなさなければなりません。

【2-1】船長の役割と責任

1 船長は船の最高責任者

シーマンシップ
気象
海のルール
海のマナー

船長は、船舶の運航、安全管理などありとあらゆることに対して責任を負い、迅速かつ的確な判断のもとにリーダーシップを発揮することが求められます。したがって、船の最高責任者としての自覚を持ち、どんな状況においても、常に船と同乗者の安全を守ることを考えなければなりません。

2 役割分担の明確化

プレジャーボートでは、船長になれる者（有資格者）が複数乗り込む場合があります。そういった場合は、誰が船長なのかを出航前にはっきりと決めておきましょう。船長が決まったら、同乗者はその指示に従わなくてはなりません。

3 準備を怠らない

同乗者の有無にかかわらず、自船の安全確保は、船長の最も基本的な責任です。

出航前には、必要な準備が整っているか確認することが必要です。

(1) 船体、設備、装備品、法定備品等の確認及び点検

(2) 航行予定水域や周辺施設の調査

(3) 気象、海象情報の入手及び分析

(4) エンジン、機器類の点検及び整備

4 交通ルール・マナーを守る

(1) 法令やルールを守るようにしましょう。

(2) 水域は様々な人々が利用しています。お互いにゆずりあうようにしましょう。

(3) 水域ごとのルールに従い、水域利用者や周辺の陸上の人々とトラブルを起こさないようにしましょう。

5 自己責任

(1) 海をおそれず、あなどらずに無理をしないようにしましょう。

(2) 出航しない勇気や引き返す勇気を持つようにしましょう。

(3) 危険を乗りきることよりも、危険を事前に避けることが重要です。

(4) 同乗者がゴミを捨てて海を汚したり、無免許の同乗者に操縦させて事故を起こした場合であっても船長の責任です。

(5) 同乗者の安全を守ることも船長の責任です。

6 社会に対する船長の責任

(1) 船長は、出港してから帰港するまで、すべてに責任を問われます。

(2) 船長の最も重要な責任は、航海を安全に終わらせることです。

(3) 安全を確保するための方法を確認しておき、船の安全は船長自身が握っていることの自覚が必要です。

7 事故を起こしたときの船長の責任

(1) 刑事責任

船の衝突や乗揚げ事故を起こしたときは、事故の内容により「業務上過失致死傷等罪」などの刑事責任の対象になります。

(2) 民事責任

事故の結果、相手を死傷させたり、器物をこわせば、損害賠償責任を負うことになります。

（3）海難審判

　海難審判所は、海難審判を通じて海技免許等の所有者に対し懲戒処分を行います。懲戒には、次の３種類があります。

① 　免許の取消し　　　② 　業務の停止（期間は１カ月以上３年以下）　　　③ 　戒告

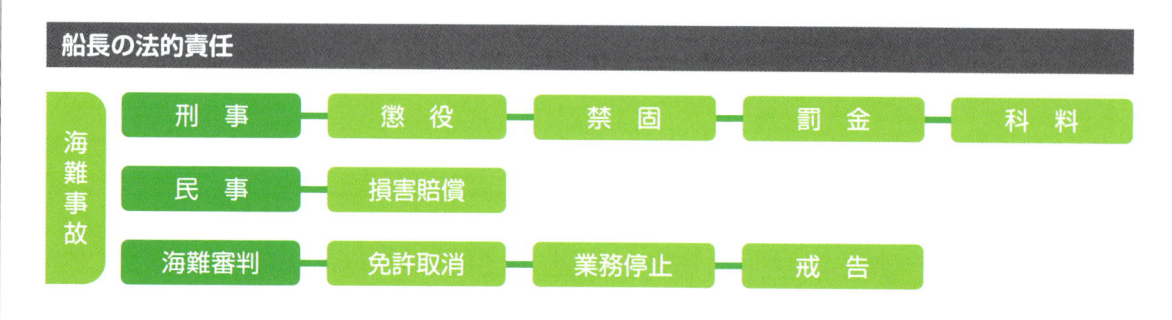

船長の法的責任				
海難事故	刑　事 → 懲　役 → 禁　固 → 罰　金 → 科　料
	民　事 → 損害賠償
	海難審判 → 免許取消 → 業務停止 → 戒　告

8　法令に違反した場合の処分

　法令に違反すると罰則を受けることになります。罰則の中には、運航者のほか所有者にも適用されるものがあります。

（1）船舶職員及び小型船舶操縦者法関係

・小型船舶操縦者の遵守事項に違反した場合
・乗船に関する基準（資格別の条件）に違反した者や、業務の停止処分を受けている者を
　船長として乗船させた場合
・無資格者が船長として乗船した場合
・操縦免許証を携帯しなかったり、他人にゆずったり、貸したりした場合

（2）船舶安全法関係

・船舶検査証書又は臨時航行許可証のない船舶を航行させた場合
・指定された航行区域を超えて船舶を航行させた場合
・最大搭載人員を超えて旅客その他の人員を乗せた場合
・中間検査や臨時検査を受けないで航行させた場合
・船舶検査証書に指定された条件に違反して航行させた場合
・船舶検査証書又は臨時航行許可証を船内に備えずに航行させた場合
・船舶検査済票を両船側に貼り付けずに航行させた場合
・船舶検査手帳を船内に備えずに航行させた場合

(3) 小型船舶の登録等に関する法律関係

- 小型船舶等の製造業者以外の者が、船体識別番号等（船体識別番号又は推進機関の型式）を打刻した場合
- 船体識別番号等の打刻を塗抹したりその他船体識別番号等の識別を困難にする行為をした場合
- 小型船舶登録原簿への登録を受けていない小型船舶を航行させた場合
- 通知を受けた船舶番号を遅滞なく当該船舶に表示しない場合
- 譲渡する小型船舶1隻につき、譲渡証明書を2通以上交付した場合

【2-2】船長のマナー

　水上では様々な船がいろいろな目的を持って往来しています。水上を利用するものすべてが共存共栄を図るためには、お互いを尊重し合う気持ちが大切です。海の世界には永年にわたって培われた慣習や伝統があり、その根底には海を心から敬うことやお互いを尊重し合う気持ちが流れています。この慣習や伝統を守ることが小型船舶の船長のマナーであり、これらを守ることで水上の秩序が保たれていきます。

1 安全な速力での航行

（1）他船や他人に迷惑のかからない、安全な速力で航行しましょう。
（2）周囲の見張りが確実に実施できるような速力で航行しましょう。
（3）係留施設などがある岸近くでは、引き波が立たないようにしましょう。

2 トレーラーによるボートの運搬

　自動車を利用してボートを持ち込む場合には、必ずスロープなどの設備がある場所を利用しましょう。
（1）スロープを利用する場合は、勝手に利用せずに管理者の許可を得ましょう。
（2）車両乗り入れ禁止区域には、入ってはいけません。
（3）迷惑駐車や駐車違反をしないようにしましょう。

3　騒音に対する注意

(1) 海水浴場や人家の近くを、高速で航行するのはやめましょう。

(2) 早朝や夜間には、エンジンの空ぶかしに注意しましょう。

(3) エンジンの悪質な改造を行ってはいけません。

(4) 岸近くを航行する場合は海岸から十分離れるまで速力を上げてはいけません。

(5) 係留場所や出航場所で早朝や夜間に騒ぎ声をあげてはいけません。

4　定置網・養殖場に対する注意

(1) 定置網や養殖場、そこで操業中の漁船には近づかないようにしましょう。

(2) 発見した場合には、十分な間隔を空けて、早めに避けましょう。

5　漁ろう中の船舶に対する注意

　漁ろう中の船舶は、船尾から漁具を広範囲に投入している場合があるので、大きく避ける等して注意して航行しましょう。

6　遊泳者・ダイバー・手こぎボート・ミニボートに対する注意

(1) 遊泳者やダイバー、釣り人、手こぎボート、ミニボートには、近づかないようにしましょう。

(2) やむを得ず近くを航行する場合には、十分に速力を落とし、引き波を立てないようにしましょう。

(3) 衝突すれば、低速であっても大きな事故になります。小型船舶であっても遊泳者等にとっては脅威です。特にプロペラは刃物と同じように危険です。決して遊泳者等には近づかないようにしましょう。

7　工事区域・作業船等に対する注意

(1) 港湾工事やその他の工事区域には、近づかないようにしましょう。

(2) 錨泊船や作業船には、むやみに近づかないようにしましょう。

8 大型船を避ける

　船舶交通の多い航路や大型船の進路は避けましょう。混雑しているところでは速度を落とし、お互いにゆずりあって航行しましょう。

9 信号旗

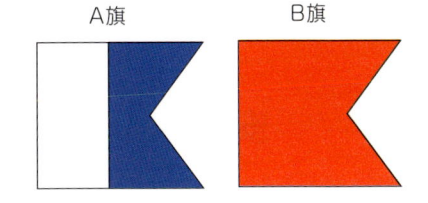

A旗　　　B旗

(1) A旗

　「私は潜水夫をおろしている。微速で十分避けよ。」

(2) B旗

　「私は危険物を荷役（荷物の上げ降ろし）中または運送中である。」

10 航行区域の遵守

　出航するときには、自分の操縦免許によって航行できる範囲と、船舶検査証書による航行区域を確認しましょう。また、各地には都道府県条例やローカルルールによる「航行禁止区域」が設定されているところがあります。事前に調べておきましょう。

11 暴走行為・見せびらかし走行の禁止

（1）暴走や見せびらかし走行は事故のもとになるのでやめましょう。
（2）悪質な改造は絶対に行ってはいけません。

12 不法係留・無断係留・不法占拠の禁止

（1）不法係留や無断係留をしてはいけません。
（2）無断で護岸に、杭や桟橋を設置してはいけません。
（3）公共施設や水域を不法に占用してはいけません。
（4）放置艇の強制撤去や保管場所の確保を義務付けた条例があります。

13 適切な保管・不要船舶の処理

（1）小型船舶は、マリーナ、ヨットハーバー、ボートパーク、フィッシャリーナ、自宅（トレーラーに載せられる小型の船や水上オートバイの場合）など、適切な場所に保管しましょう。

（2）船が不要となった場合は、業者に処分を依頼し、処理方法が不明な場合は最寄りのマリーナや海上保安庁、あるいは各自治体に相談しましょう。使えなくなったからといって船を放置してはいけません。

【2-3】安全な航行をするための船長の心得

1 出航前の準備

　海難事故の大半が、出航前の準備を怠らなければ未然に防ぐことができたといわれています。これから走ろうとする水域の調査、機関や船体の点検整備、気象情報の収集などを十分に行いましょう。

（1）航海計画の立案

　はっきりした目的や意識を持たないで海に乗り出すのは非常に危険です。どこまで行くのか、海が荒れてきたらどこへ逃げるのかあるいは引き返すのか、帰港時刻は何時頃の予定かなど、必ず計画を立て、誰かに知らせた上で出航しましょう。また、単独航行を避け、グループでの航行を心掛けましょう。

（2）航行予定水域の調査

　最新の「海図」や「ヨット・モータボート用参考図（Yチャート）」を使って、水深や障害物の位置、目標などを調べましょう。港に入る場合は、「Sガイド画像（港湾図を原寸で印刷できる高解像度のPDF画像）」などによって港の状況を調べましょう。

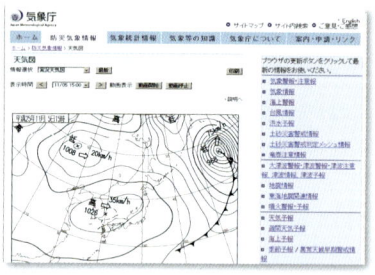

（3）気象情報の収集

　インターネット、テレビ、ラジオ、新聞、電話（市外局番＋177）や海上保安庁の海の安全情報（沿岸域情報提供システム）などによって気象情報を集めましょう。

(4) 地域情報の収集

地域によっては、航行禁止区域を設けてあったり、定置網が設置されていたりします。これから航行しようとする水域の情報を、地元のマリーナやマリンショップ、あるいは漁業協同組合（漁協）などを通じて必ず入手しておきましょう。

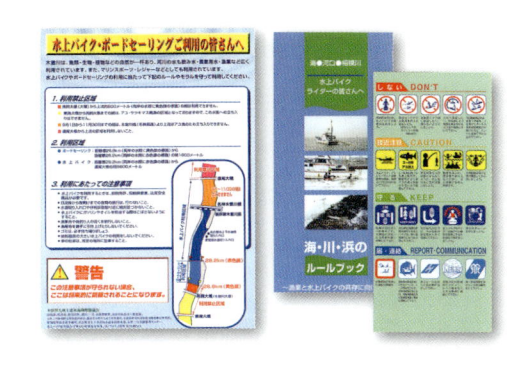

① **湖沼、河川などの内水面**：環境省、国土交通省地方整備局、都道府県や市町村、漁業協同組合　など

② **港湾など特定の海域**：海上保安庁、都道府県等の港湾事務所、漁業協同組合　など

③ **一般海域**：海上保安庁、漁業協同組合　など

④ **その他**：水域利用者は、上記のほかに、遊漁船組合、造船や海運事業などの地域事業者、マリーナやボート販売などの小型船舶関連事業者や水上オートバイ、釣り、ウインドサーフィン、ヨット等のプレジャー関連で活動をしている団体などからも情報を入手できます。

(5) 連絡手段の確保

通信手段としては、携帯電話、トランシーバー、国際VHFなどがあります。

防水
携帯電話

携帯電話を携行するときは、通話可能エリアを確認しておきましょう。水に濡れることもあるので、防水パックに入れておくと安心です。

また、緊急連絡先も確認しておきましょう。

防水パック

(6) 発航前の点検

必ず船体や機関の点検をしましょう。プレジャーボートの海難事故では「運航不能（機関故障）」が非常に多くなっています。十分な点検をし、必ず整備してから出航するようにしましょう。

(7) 服装

季節にあった服装が一番ですが、海の上は想像以上に「寒い」ことを考慮しましょう。夏でも長袖の上着を一枚持っていると安心です。天候の急変に備えて、雨具も積み込みましょう。また、身体を保護しつつ、動きやすいことも大切です。ライフジャケットを必ず着用する習慣をつけましょう。

（8）体調管理

　病気や疲労等で体調が悪い場合は、無理をしてはいけません。無理をすると、注意力が散漫になったり、判断力が低下したりして、状況によっては生命の危機に直結します。出航を取りやめたり予定を変更したりすることも必要です。陸上では乗り物酔いなどしない人でも、船に乗ると体調が悪くなる場合があります。船長を含めて、体調管理に努め、必要であれば事前に酔い止めを服用してもらうなどしておきましょう。

　特に水上オートバイは、波の衝撃や、落水などにより、必要以上に体力を消耗します。体調がすぐれない場合は乗船を控えましょう。また、水上オートバイの乗船前にはストレッチなどの準備運動をして、筋肉や関節をほぐしておきましょう。

（9）同乗者への注意喚起

　同乗者にもライフジャケット（法定備品として搭載可能なもの）を着用させるとともに、必ず出航前に乗船中の注意を与えておきます。航行中は常に低い姿勢を取ること、船外に身体を乗り出さないことなど、転落や転倒によるけががないように船長は細心の注意を払う必要があります。特に水上オートバイにおいては、波による衝撃や旋回時の遠心力などで振り落とされないように、しっかりとつかまっていることなどの注意を与えておきましょう。また、定員（船舶検査証書に記載された最大搭載人員）を超える者を同乗させてはいけません。

2　航行中の注意

（1）無理をしない

　船を航行させる前には必ず気象情報を収集し、不安があれば、出航を中止しましょう。地元のマリーナや漁協の意見を無視してはいけません。また、途中で天候が悪化しそうになったら、目的地に向かう途中であっても直ちに帰るなど、安全を第一に考えなければなりません。

　水上での事故は人命に直結します。「せっかく遊びに来たのだから」とか、「今日しか休みが取れないから」といったことで無理をしてはいけません。危険な状況になる前にそれを知って回避することは、船長として非常に重要なことです。

（2）見張りの励行

　広い海の上では、何もぶつかるものはないように感じ、つい油断しがちですが、航行する船舶をはじめ、浅瀬や岩礁、定置網などの漁網や漁具、ゴミなどの漂流物といった航行の支障となるものがたくさん存在します。いったん海上に出たら、航行中、錨泊中を問わず見張りを行いましょう。

(3) ルールを守る

　航行中は海上交通ルールを守りましょう。法律や都道府県条例に定められた交通ルール以外にも、ある地域で限定的に行われているローカルルール（申し合わせ事項）や社会通念上のルール（モラルやマナー）についても遵守しなければなりません。

(4) 他の水域利用者に対する配慮

　海や川、湖などの水上は、レジャーだけでなく様々な目的を持った人々によって利用されていることを常に意識しておかなければいけません。相手を理解し、共存を図ることで、事故やトラブルのない快適な水域の利用が可能となります。

3 帰港後

(1) 帰港の連絡

　出港届を出したマリーナなどに、確実に帰港の届け出をしましょう。また、安否を気遣ってくれている家族や友人にも連絡をしておきましょう。

(2) 帰港後の手入れ

　船は、車のように車庫に入れたらそれで終わりというわけではありません。船体や金属部分を清水で洗い、燃料やオイルを補充しておくなど、十分に手入れをして次回の航行に備えましょう。

　水上係留の場合は、確実に係留しましょう。係留ロープは潮汐の干満を考慮して長さを決め、桟橋や他船への接触に備えてフェンダー（防舷材＝緩衝材）を取り付けましょう。

【2-4】 事故が起きたときの対応

1 事故を起こしたら

(1) 冷静に状況を把握し、落水者がいるか、ケガ人はいるか、ケガの程度など、人命の安全確認を第一に考えます。
(2) 船体、エンジンの損傷状況を調べて、自力での航行が可能かどうか確かめます。

2 落水したときの処置

(1) 浮くものにつかまるなどして、できるだけ泳がずに、救助を待ちましょう。

(2) 陸上と違い、すぐに救助が来るわけではありません。体力を温存することを考えましょう。

3 救助要請

(1) 救助が必要な場合は、遭難信号を発信し、付近の船舶に救助を求めましょう。

(2) 通信手段（携帯電話やトランシーバー）が使用できるならば、すぐに救助要請をしましょう。

(3) 海上では、海上保安庁の緊急通報用電話番号「118」、湖や河川では警察や消防に通報しましょう。

(4) 通報するときは、「いつ」、「どこで」、「なにがあった」などを落ちついて伝えましょう。

(5) 特に「位置」は重要なので、普段から自船の位置をつかんでおくようにしましょう。

(6) 携帯電話は、場所により通話できないことがあるので注意しましょう。

(7) プレジャーボートには、会員制の救助サービス（通称BAN）があります。救助要請は24時間体制で受け付けています。（ただし水上オートバイは対象外です。）

4 事故を目撃したら

　事故を知ったら救助に最善の努力を尽くさなければなりません。たとえ遭難信号などが出ていなくても接近して確認し、必要に応じて協力しましょう。

5 プレジャーボートの保険

　プレジャーボートの保険には自動車損害賠償責任保険（自賠責保険）のような強制保険はなく、すべて任意加入です。しかし、自然を相手にする海のレジャーでは、どんなに注意を払っていても、人間の力ではどうすることもできずに大きな事故に巻き込まれることがあります。また、遭難した場合、その捜索、救助のためには多額の費用がかかります。万が一の場合に備えて保険に入っておきましょう。

第3課 小型船舶の船長の遵守事項

　小型船舶を操縦する船長には、守らなければならない事項がいろいろとあります。法律で決められた事柄だけでなく、海の世界での一般的な常識やマナーなどもあります。

【3-1】 小型船舶操縦者法に基づく遵守事項

　「船舶職員及び小型船舶操縦者法（以下「小型船舶操縦者法」という）」において、小型船舶操縦者の遵守事項が規定されています。この遵守事項に違反して、その内容や回数が一定の基準に達すると、業務の停止（自動車の運転免許の停止に相当）などの行政処分を受けます。

1　酒酔い操縦の禁止

（1）飲酒や薬物の服用で、注意力や判断力が低下しているなど、正常な操縦ができないおそれがある状態で操縦をしてはいけません。

（2）（1）と同様の状態にある同乗者に小型船舶の操縦をさせてはいけません。

2　自己操縦

　次の場合には、小型船舶免許受有者が操縦しなければなりません。

（1）港則法が適用される港内を航行するとき

（2）海上交通安全法で定められた航路を航行するとき

（3）水上オートバイを操縦するとき

※帆走中のヨットや漁船、旅客船等の事業用船舶には、この規定は適用されません。

3　危険操縦の禁止

(1) 衝突などの危険を生じさせる速力で、遊泳者等に接近してはいけません。

(2) 遊泳者等の付近で疾走したり、急旋回したり、縫航（ジグザグ走行）してはいけません。

4　ライフジャケットの着用義務（船外への転落に備えた措置）

(1) 次の場合には必ずライフジャケットを着用しなければなりません。

① 水上オートバイに乗船する場合

② 12歳未満の児童、幼児を小型船舶に同乗させる場合

③ 小型漁船に1人で乗船して漁ろうする場合

④ 小型船舶の船室外に乗船する場合

(2) ライフジャケットは、船舶安全法に基づく検査、検定等に合格した、乗船する小型船舶に救命設備として搭載可能なものを着用しなければなりません。

5　発航前の検査の実施

　発航前には次のような検査をしなければなりません。

(1) 燃料や潤滑油の量

(2) 船体、機関、救命設備及びその他の設備

(3) 気象情報、水路（航行予定水域）情報、その他の情報の収集

(4) (1)から(3)以外で小型船舶の安全な航行に必要な事項

6 適切な見張りの実施

(1) 周囲の状況を判断したり、他の船舶との衝突のおそれについて判断したりすることができるように、航行中、漂泊（ひょうはく）中、錨泊（びょうはく）中を問わず、常時適切な見張りを実施しなければいけません。

(2) 見張りは、視覚（目）、聴覚（耳）だけでなく、その時の状況に適した他のすべての手段により実施しなければいけません。

(3) 見張りは、自らが行うだけでなく、同乗者がいる場合はその者にも行わせるなど、常に行わなければなりません。

7 事故時の対応

　船長自身に危険が及んでいる場合などを除き、事故時には、人命の救助に必要なあらゆる手段を尽くさなければなりません。

(1) 船長は、自船に沈没のおそれがあるなど急迫した危険があるときは、人命の救助に必要なあらゆる手段を尽くさなければなりません。

(2) 小型船舶同士が衝突したときは、お互いに人命の救助に必要なあらゆる手段を尽くさなければなりません。

8 再教育講習と点数制度の概要

　小型船舶操縦者が前記 1 ～ 6 の遵守事項に違反した場合、違反者に対して違反点数が付され、累積点数が一定の基準に達した場合は、小型船舶操縦者法に基づく処分（6カ月以内の業務の停止）を受けます。なお、違反点数を付されたすべての遵守事項違反者に対し「再教育講習」を受けるように通知があります。講習を受講することで、累積点数が処分を受ける基準に達していない場合は点数が減じられ、基準に達している場合は処分が軽減されます。

（1）遵守事項違反点数表

違反行為の内容	点数
酒酔い操縦、自己操縦義務違反、危険操縦、見張りの実施義務違反	3点
ライフジャケットの着用義務違反、発航前検査義務違反	2点

① 同時に2以上の種別の違反行為に該当するときは、これらの違反行為の点数のうち高い点数が付されます。

② 違反行為によって他人を死傷させたときには、本来の点数に3点を加えた点数となります。

（2）処分及び再教育講習受講通知基準表

		過去1年以内の違反累積点数				
		2点	3点	4点	5点	6点
過去3年以内の処分前歴	無	※	※	※	業務停止 1月※	業務停止 2月※
	有	※	業務停止 3月※	業務停止 4月※	業務停止 5月※	業務停止 6月※

※再教育講習受講通知あり

（3）再教育講習

通知を受けた小型船舶の船長は、1カ月以内に講習を受講しなければなりません。

この講習を受講すると、累積点数の減点又は処分の軽減が受けられます。

① 処分基準に達していない場合

累積点数から2点減点

② 処分基準に達している場合

処分の軽減基準表	
本来の処分	講習受講後の処分
1月の業務の停止	戒告
1月を超える業務の停止	業務の停止期間を1月短縮

【3-2】 小型船舶の免許制度

小型船舶の免許制度は、「小型船舶操縦者法」に定められています。

小型船舶の船長になるには、小型船舶操縦士の免許（操縦免許）を受けなければなりません。

1 小型船舶操縦士の資格

操縦免許は、小型船舶操縦士国家試験（操縦試験）に合格した者に与えられ、小型船舶操縦免許証（操縦免許証）が交付されます。小型船舶の航行区域、総トン数などに応じた操縦免許証を受有する小型船舶操縦士でなければ、小型船舶に船長として乗船してはいけません。

資 格	技能限定	取得可能年齢	航行区域	船の大きさ等
一級小型船舶操縦士		18歳	すべての海域	特殊小型船舶を除く総トン数20トン未満※1
二級小型船舶操縦士	無	18歳	平水・海岸から5海里（9.26km）以内	特殊小型船舶を除く総トン数20トン未満※1
	第二号限定（大きさ）(18歳未満の者のみ)	16歳		特殊小型船舶を除く総トン数5トン未満
	第一号限定（航行区域、大きさ、出力）※2	16歳	湖川・一部の海域	特殊小型船舶を除く総トン数5トン未満機関の出力15kW未満
特殊小型船舶操縦士		16歳	操縦する特殊小型船舶の航行区域による	特殊小型船舶

※1 総トン数20トン以上の船舶の乗船について
（1）総トン数20トン以上であっても、長さ24メートル未満でスポーツ又はレクリエーションのみに使用する船舶であれば船長として乗船できます。
（2）総トン数20トン以上であっても、長さ24メートル未満、総トン数80トン未満、出力750kW未満、沿海区域の境界から外側80海里以遠の水域を航行しない、などの基準に適合する漁船については、「特定漁船講習」の課程を修了することにより、船長として乗船することができます。

※2 二級小型船舶操縦士（第一号限定）免許は、通称、二級小型船舶操縦士（湖川小出力限定）免許といいます。

免許の種類

①:船舶の種類 ②:航行区域

特殊小型船舶操縦士免許
①水上オートバイ
②船舶検査証書に記載される水域

一級小型船舶操縦士免許
①20トン未満の船舶（水上オートバイを除く）
②すべての水域

5海里（約9km）

二級小型船舶操縦士（湖川小出力限定）免許
①5トン及び機関15kW未満の船舶（水上オートバイを除く）
②湖川及び一部の海域

二級小型船舶操縦士免許
①20トン未満の船舶（水上オートバイを除く）
②海岸から5海里（約9km）以内の水域及び平水区域

2　操縦免許証の取扱い

（1）船長として小型船舶に乗船する場合は、操縦免許証を必ず携帯しなければなりません。

（2）操縦免許証は、他人にゆずったり、貸したりしてはいけません。

（3）操縦免許証の記載内容（氏名、本籍の都道府県名、現住所）に変更が生じた場合は、訂正を申請しなくてはなりません。

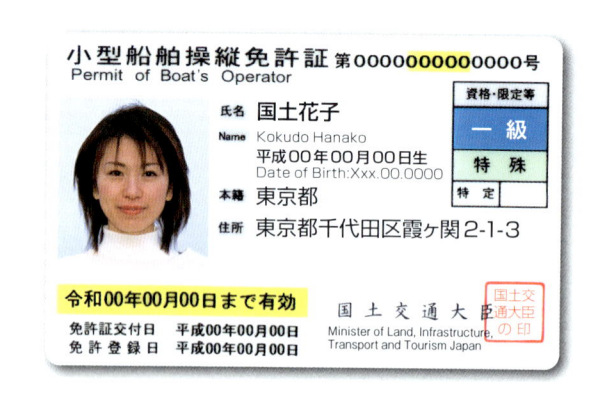

（4）操縦免許証をなくしたときや、汚れたり割れたりしたときは、操縦免許証の再交付を申請することができます。

3　操縦免許証の有効期間

　操縦免許証の有効期間は5年間で、有効期限を過ぎると免許証は失効してしまいます。したがって、5年ごとに有効期間の更新手続きを取らなければなりません。更新の申請は、有効期間が満了する1年前からすることができます。

（1）操縦免許証の更新手続き

操縦免許証を更新するためには、次の①②の要件を同時に満たすことが必要です。

① 一定の身体適性基準を満たしていること

② 次のいずれかの要件を満たしていること

　ア…講習機関の行う更新講習を修了していること

　イ…必要な乗船履歴を有していること

　ウ…乗船履歴を有している者と同等の知識及び経験があると地方運輸局長が認める職務に一定期間従事していたこと

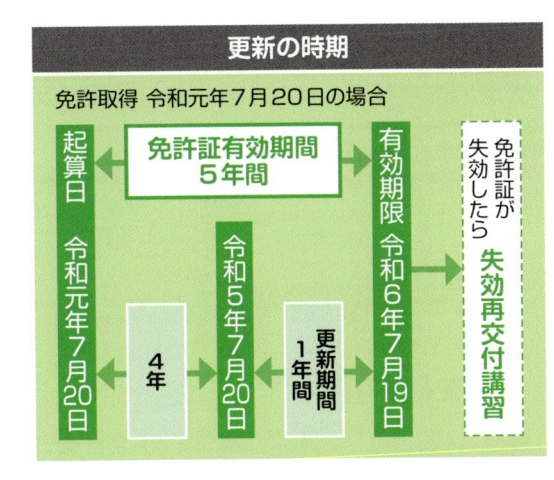

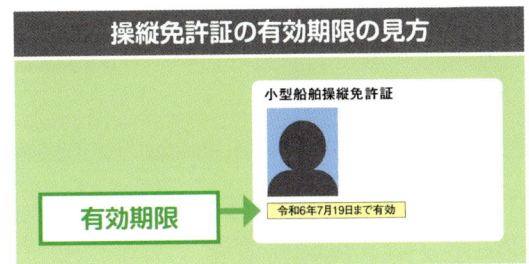

（2）失効した操縦免許証の再交付

操縦免許証の有効期間内に更新を行わないと、効力を失います。ただし、失効再交付の手続きを行えば、有効な操縦免許証が再交付されます。

操縦免許証の再交付を受けるためには、次の①②の要件を同時に満たすことが必要です。

① 一定の身体適性基準を満たしていること

② 講習機関の行う失効再交付講習を修了していること

（3）受講・更新申請等

① 更新・失効再交付講習の受講申込みは、更新講習機関（失効再交付講習機関）に行います。

② 操縦免許証の更新・再交付等の申請は、本人又は海事代理士が各地方運輸局（沖縄は総合事務局）、運輸支局又は海事事務所に行います。

③ 操縦免許証の訂正や紛失・破損等による再交付の申請も上記②と同じように行います。

【3-3】小型船舶の検査及び登録制度

1　小型船舶の検査制度

　船舶は、安全に航行できる構造や設備が整っているかどうかを、「船舶安全法」に定められた船舶検査で定期的にチェックすることが義務付けられています。

（1）検査と検査機関
　総トン数20トン未満の船舶（小型船舶）の検査は、日本小型船舶検査機構（JCI）が、実施しています。

　船舶所有者は、検査に合格していない船舶を航行させてはいけません。

（2）検査の対象となる小型船舶
①　エンジン付きの船（長さ3メートル未満、出力1.5kW未満のものは免除）
②　エンジンのない次の船
　　ア…沿海区域を超えて航行するヨット
　　イ…エンジン付きの他の船に引かれる客船および遊漁船
　　ウ…旅客定員7人以上のろかい船

（3）検査の種類と時期
①　**定期検査**
　　初めて船舶を航行させるとき又は船舶検査証書の有効期間が満了したときに受ける精密な検査
②　**中間検査**
　　定期検査と定期検査との間に受ける簡易な検査

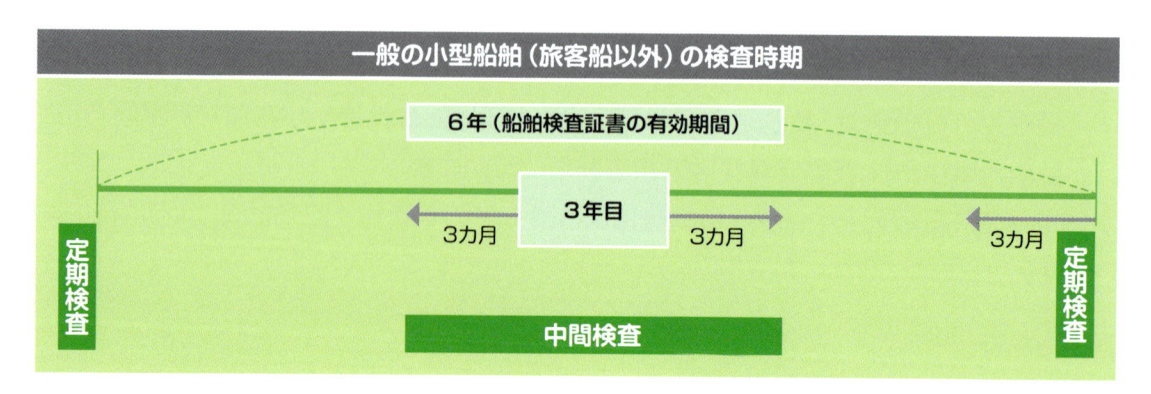

一般の小型船舶（旅客船以外）の検査時期

6年（船舶検査証書の有効期間）

3年目

3カ月　　3カ月　　3カ月

定期検査　　　中間検査　　　定期検査

③ **臨時検査**

船舶の改造、修理又は船舶検査証書に記載された航行上の条件を変更するときに受ける検査

④ **臨時航行検査**

船舶検査証書の交付を受けていない船舶を臨時に航行させるときに受ける検査

(4) 検査に関する証書類

定期検査に合格した船舶には、船舶検査証書、船舶検査手帳、船舶検査済票1組及び次回検査時期指定票が交付されます。

法律により、船舶検査証書及び船舶検査手帳は、船内への備付けが、船舶検査済票は、船の両側で外から見やすい場所への貼付けが、それぞれ義務付けられています。

① **船舶検査証書**

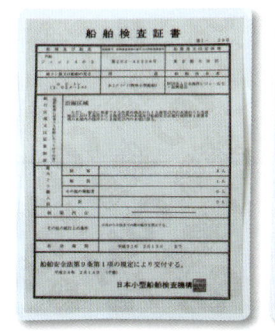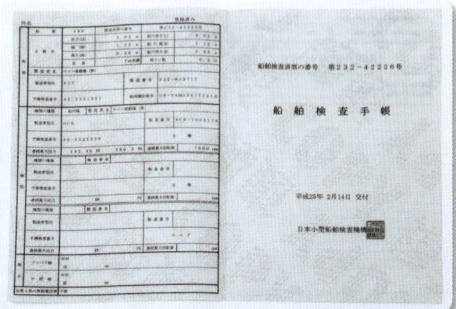

船名や船舶検査済票番号等が記載されるとともに、航行区域、最大搭載人員等の航行上の条件、船舶検査証書の有効期間等が指定されます。船舶検査証書の有効期間をもとに定期検査の周期が決まっています。

② **船舶検査手帳**

次に受けるべき検査時期の指定、検査の記録等が記載されます。

③ **船舶検査済票**

定期検査合格年、交付機関番号及び合格番号を表します。

④ **次回検査時期指定票**

定期検査又は中間検査に合格すると、次回の検査（定期検査、中間検査）の時期を表示した、「次回検査時期指定票」が2枚交付されます。このシールは船体の両側の外から見やすい位置に貼り付けなければなりません。なお、年月だけの表示になっているので、検査の期限日は船舶検査手帳で確認します。

(5) 航行区域

　船舶はその構造や性能などによって航行できる水域が指定されます。これを「航行区域」といいます（漁船の場合は、航行区域の代わりに漁業の種類などに応じた「従業制限」が指定されます）。航行区域は船舶検査証書に記載されています。

　航行区域には、次のものがあります。

① **平水区域**：河川、湖沼や港内と、船舶安全法施行規則に基づいて定められた水域（東京湾、伊勢湾、大阪湾など）

② **沿海区域**：主として日本の海岸から20海里以内の海域

③ **近海区域**：東経175°、東経94°、北緯63°、南緯11°の線で囲まれた海域

④ **遠洋区域**：すべての海域

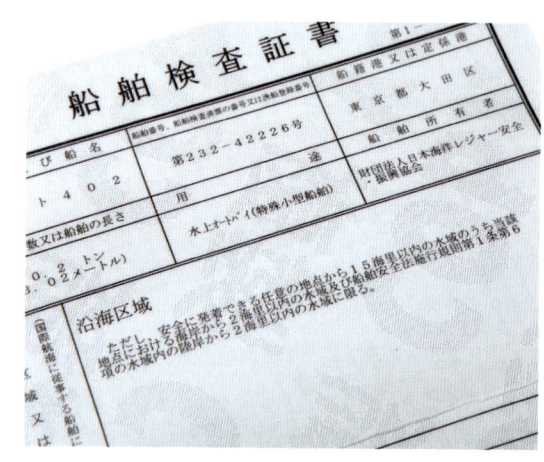

　なお、これらの航行区域以外にも、船舶の大きさ、構造、設備等により水域を限定して航行区域が定められることがあります。

　例えば、その小型船舶の最強速力で2時間以内に往復できる水域に限定される「2時間限定沿海区域」や、二級小型船舶操縦士の免許で操縦できる水域と同じ水域に限定される「沿岸区域」などがあります。

(6) 最大搭載人員

① 最大搭載人員は、船の復原力や居住設備などに基づいて算定されます。最大搭載人員は、その船舶の航行上の条件として、旅客、船員、その他の乗船者という区分ごとに定められ船舶検査証書に記載されます。

② 最大搭載人員は、船の見やすい場所に表示することが義務付けられています。

③ 1歳未満の者については算入しないものとし、1歳以上12歳未満の者は、2人をもって1人に換算します。（国際航海を除く）

(7) 法定備品

　船舶には、法律で定められた、係船設備、救命設備、無線設備、消防設備、排水設備、航海用具及び一般備品の「法定備品」の備付けが義務付けられています。

　法定備品は、その船舶の運航形態や航行区域によって異なります。

　法定備品を備え付けずに航行した場合は罰則の対象となります。

2 小型船舶の登録制度

小型船舶登録制度は、「小型船舶の登録等に関する法律」に基づき、総トン数20トン未満の小型船舶について、所有者の所有権を登録により公証するための制度です。

（1）小型船舶の登録

総トン数20トン未満の船舶は、日本小型船舶検査機構（JCI）の行う登録を受け、船舶番号を船体に表示しなければ航行させることはできません。また、小型船舶の所有権は、登録を受けなければ、第三者に対して主張することはできません。

小型船舶の検査及び登録の申請窓口は、日本小型船舶検査機構（JCI）の各支部です。

Ⓐ 船舶番号　Ⓑ 船籍港を表す都道府県名
Ⓒ 船舶検査済票　Ⓓ 定期検査合格年（定期検査済年票）

（2）登録対象船舶

総トン数20トン未満の船舶は、登録を受けなければ航行できません。

ただし、次の船舶は登録の対象外です。

① 漁船登録を受けた船舶、ろかい舟、係留船
② 長さ3メートル未満の船舶であって、かつ、推進機関の連続最大出力が20馬力未満のもの
③ 長さ12メートル未満の帆船（国際航海に従事するもの、沿海区域を超えて航行するもの、推進機関を有するもの及び人の運送の用に供するものを除く）
④ 推進機関及び帆装を有しない船舶など

（3）登録の種類

① **新規登録**：登録を受けていない小型船舶の登録
② **移転登録**：売買等により所有者に変更のあったときに行う登録
③ **変更登録**：船舶の種類、船籍港、船体識別番号、推進機関の種類、小型船舶の長さ・幅・深さ・総トン数又は所有者の氏名・法人の名称・住所を変更したときに行う登録

④ 　抹消登録：登録小型船舶が沈没、解撤（解体）などにより存在しなくなったとき等に行う登録

（4）登録事項

① 　船舶の種類（汽船又は帆船の別）
② 　船籍港（小型船舶を通常保管する場所の市町村）
③ 　船舶の長さ・幅・深さ（測度によって実測した数値）
④ 　総トン数（測度によって実測した数値）
⑤ 　船体識別番号
⑥ 　推進機関の種類及び型式
⑦ 　所有者の氏名又は法人の名称及び住所（共有の場合、その持分）
⑧ 　船舶番号
⑨ 　登録年月日

（注）船名は登録事項ではありません

（5）登録に関する証書類

　小型船舶をゆずり渡すときは、印鑑証明書を添付した「譲渡証明書」を作成し、ゆずり受ける人に交付しなければなりません（1通を超えて交付すると、法令違反になります）。

　すでに交付を受けている譲渡証明書があるときは、これも交付しなければなりません。

（6）小型船舶の保管

① 　不法係留

　不法係留や放置艇は、公共用水域の適正利用、災害・安全対策など港湾や河川の管理上の問題にとどまらず、地域の生活環境を守る上で深刻な問題となっています。

　プレジャーボートを所有する場合は、まず、どこに保管するのかを定め、保管場所を事前に確保してから購入しなければなりません。

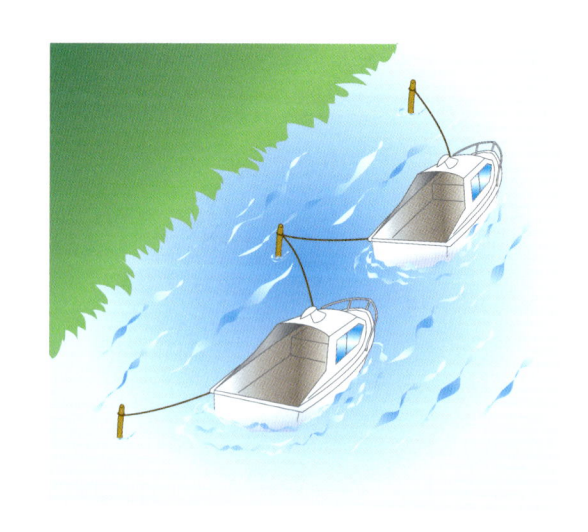

② 　保管施設

　プレジャーボートの保管施設としては、マリーナやヨットハーバーなどに加え、ボートパーク、フィッシャリーナなど河川や漁港を活用して整備した施設などがあります。

【3-4】 環境への配慮

1 海洋汚染の防止

近年、船舶による海洋汚染が深刻な問題になっています。タンカーの座礁に伴う油の流出など大規模なものから、一般船舶によるゴミや油の不法投棄などにより、沿岸の環境や漁業に多くの被害が出ています。

（1）海洋汚染の現状

海に捨てられた油やゴミで、次のような問題が起きています。

① 油や汚水で養殖ノリや魚介類が汚染されて、食用にならなくなるなど、漁業に多くの被害が出ています。

② ゴミやロープの切れ端がプロペラに絡んで、航行不能になるなど、船舶の故障や海難の原因になっています。

③ 大量の撒き餌が海底に積もり、生物の生息環境を悪化させるなど、海洋生物の生態に多くの影響を与えています。

（2）海や川を汚さないために

海や川を汚さないためには、まず、水上利用者のマナーやモラルが求められます。ゴミや油を捨てないという基本的なことを確実に行うことが大切です。特に湖沼は、一度環境が悪化すると、改善されるまでには長い年月と多くの費用がかかります。

① 出航に当たって

ア…船内の不要なゴミ、油を含んだビルジなどは、陸揚げして処分しましょう。

イ…燃料や潤滑油を補給する場合は、こぼさないようにしましょう。万が一こぼれた場合はすぐに拭き取るなどの処置をしましょう。

ウ…ゴミ箱やたばこの吸い殻入れを必ず準備しましょう。

② 航行中は

ア…缶、瓶やペットボトル、ビニール袋や発泡スチロール、ロープの切れ端などを絶対に捨ててはいけません。

イ…ちぎれた釣り糸、折れたり曲がったりした釣りばり、釣り具の包装、餌の残りなどを絶対に捨ててはいけません。撒き餌は、漁業調整規則により禁止している自治体があります。

ウ…ゴミは必ず船内に保管し、陸上に持ち帰って処分しましょう。

2 不法係留、船の放置、廃船の処理

(1) 不法係留や放置艇

　不法係留や船の放置は、船舶の航行や港湾工事などの妨げとなったり、生活環境や景観の悪化などを誘発したりします。国や地方自治体では、保管場所の不足を解消するためマリーナやボートパークを整備し、放置艇の適正収容及び周辺環境の改善を図っています。また、各地方自治体では条例で不法係留や放置を禁止しているところもあります。

(2) 廃船の処理

　FRP船の廃船処理は、（一社）日本マリン事業協会FRP船リサイクルセンターが実施主体となり、廃FRP船を解体した後、中間処理場に輸送し破砕・選別等ののち、最終的にセメントの原料や燃料としてリサイクルを行います。リサイクル料金は、船の種類や全長によって分類され、右図のマークのあるマリン販売店やマリーナ等で相談・申込みを受け付けています。

FRP船リサイクルシステムのマーク

3 騒音公害に関する注意

　近年、プレジャーボートによる騒音公害が大きな問題になっています。特に河川や海岸付近において多く、各地でこれらを取り締まる条例が制定されています。小型船舶の船長のモラルとして、次のようなことを守りましょう。

(1) 早朝や深夜に甲高いエンジン音を出すような走り方をしない。（水上オートバイは夜間航行禁止）
(2) 陸上で水上オートバイのエンジンを不必要に空ぶかしさせない。
(3) 消音器を外すなど、騒音を誘発する悪質な改造をしない。
(4) 海岸から十分離れるまで速力を上げない。
(5) 係留場所や出航場所で早朝や深夜に大勢で騒ぎ声をあげない。

　なお、水上オートバイのメーカーは、社会問題化する水上オートバイ騒音問題に対処するため、騒音低減に関する自主規制を行っています。

4 排出ガス規制

　ゴミや油の投棄だけでなく、船の排出ガスによっても環境汚染が進んでいます。プレジャーボート用のエンジンは、排出ガスを水中に直接排出しているものが多く、また、排出ガスに含まれる未燃焼ガソリン成分などにより、特に湖川において水質への影響が懸念されるようになってきました。

　そういった状況を受けて、マリンエンジンの排出ガス規制が行われるようになりました。排出ガス規制値をクリアすることのできるエンジンとして、4ストロークガソリンエンジンや直噴式2ストロークガソリンエンジンなどの環境対応型エンジンに順次切り替わってきています。

5 環境保全に関する法令等

　公害防止や環境保全に関しては、法律や条例で決められているものがあります。これらを必ず遵守することが、小型船舶の船長の最低限の責任です。

（1）海洋汚染等及び海上災害の防止に関する法律

① 船舶や人命の安全を確保するためなど特別な場合を除いて、船舶から油を排出してはいけません。
② 船舶や人命の安全を確保するためなど特別な場合を除いて、船舶から廃棄物を排出してはいけません。
③ 基準に従って捨てる場合や、除去することが困難な遭難した船舶を放置する場合を除いて、船舶を海洋に捨ててはいけません。

（2）自然公園法及び自然環境保全法

　自然環境の保全や適切な利用環境の確保を図るため、国立公園や国定公園で乗入れ規制区域を指定し、動力船の航行を禁止しています。

（3）環境条例

　自然環境や生活環境の保全を目的に各種の条例を設けています。都道府県立自然公園内にある湖沼や住宅地に近接する湖や川において、動力船の使用禁止、夜間航行の禁止、航行禁止区域の設定、航行中の騒音規制、環境に負荷を掛けるエンジンの使用禁止などが定められています。

第2章

交通の方法

海上での交通ルールとして「海上衝突予防法」が定められています。これは、国際的に定められた海上での交通ルールで、船舶の守るべき航法、表示しなければならない灯火や形象物、行うべき信号等を定めて船舶の衝突を予防し、船舶交通の安全を図ることを目的としています。海だけでなく湖や川でもこの交通ルールに従って航行しましょう。

【1-1】水上オートバイは「船」

水上オートバイは自身のエンジンを使って自在に航行できることから「動力船」として扱われ、海上ではヨットや漁船、工事や作業をしている船に対して衝突しそうになった場合には水上オートバイが避けなければなりません。水上では操縦性能の良いものが悪いものを避けるという原則があります。

【1-2】基本的な交通の方法

1　避航船と保持船

（1）2隻の船舶が衝突しそうになったら、どちらかが避けなければなりません。避けなければならない方の船を「避航船」、避けられる方の船を「保持船」といいます。

(2) 避航（相手船を避ける）動作を取る場合は、他の船舶から十分に遠ざかるため、できる限り早い時期に、ためらうことなく大幅に動作をとらなければなりません。

(3) 保持船は、その針路及び速力を保たなければなりません。

2 **どちらが避ける（追越し船、行会い船、横切り船、各種の船舶）**

（1）追越し船

① 追い越す場合は、追い越す船が、追い越される船を避けなければなりません。

② 追い越す場合は、前方の船を確実に追い越し、かつ、十分に遠ざかるまでその船舶の進路を避けなければなりません。

③ 追い越す船は、船の種類（ヨット・漁ろう船・その他）に関係なく追い越される船を避けなければなりません。

④ 自船が追越し船であるかどうかを確かめることができない場合は、追越し船であると判断しなければなりません。

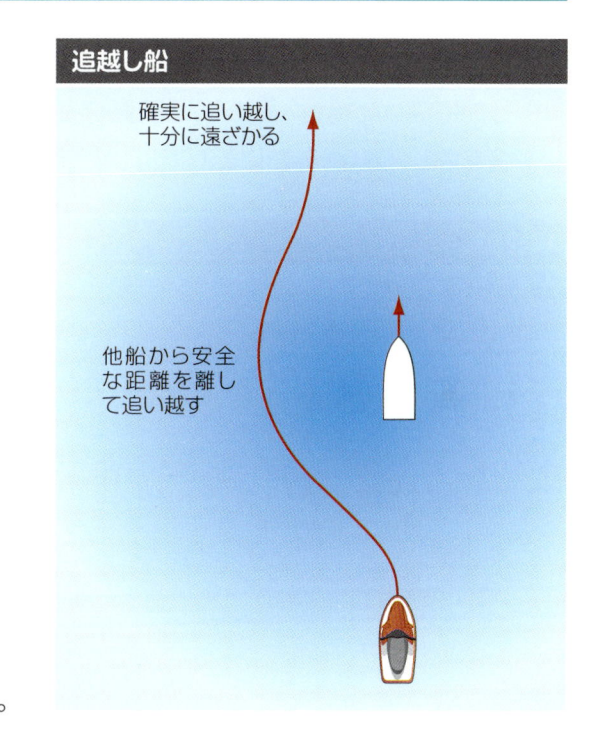

追越し船

確実に追い越し、十分に遠ざかる

他船から安全な距離を離して追い越す

（2）行会い船

２隻の動力船が、真向かい又はほとんど真向かいに行き会い衝突しそうな場合は、

① それぞれ針路を右に転じて、お互いの左舷側を通過するようにしなければなりません。

② 真向かい又はほとんど真向かいの状況にあるかどうかが確かめられない場合は、その状況にあると判断して大きく右に針路を変えましょう。

※舷とは船の側面をいいます。左舷：左の側面

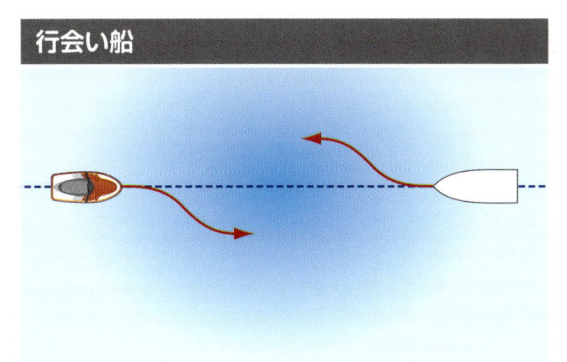

行会い船

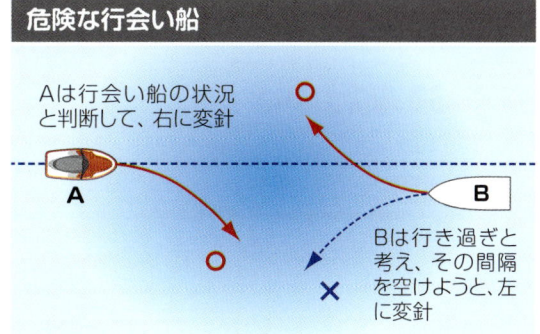

危険な行会い船

Aは行会い船の状況と判断して、右に変針

Bは行き過ぎと考え、その間隔を空けようと、左に変針

（3）横切り船

① ２隻の動力船が互いの進路を横切るかたちで接近して、衝突のおそれがあるときは、他の船を右に見る船が避航船となり、相手船の進路を避けます。

② 避航船は接近する距離や角度によって、減速あるいは停止します。やむを得ない場合以外、増速して相手船の前方を横切る避け方をしてはいけません。（船首方向横切り禁止）

③ 保持船は針路及び速力を保持します。避航船が適切な動作を取っていないことが明らかになった場合、直ちに避航動作を取ることができます。ただし、やむを得ない場合を除いて針路を左に転じてはいけません。（左転禁止）

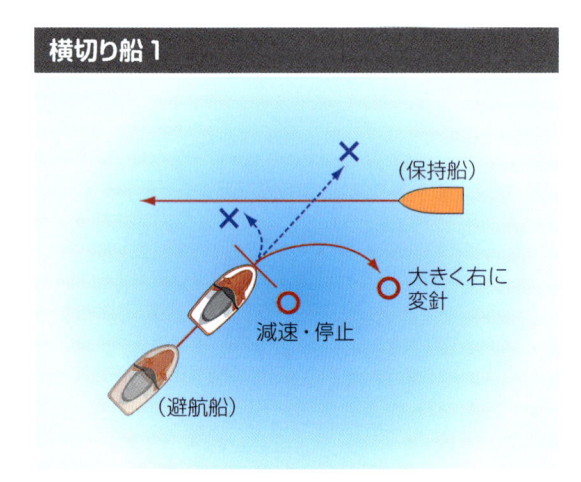

横切り船 1

（保持船）
大きく右に変針
減速・停止
（避航船）

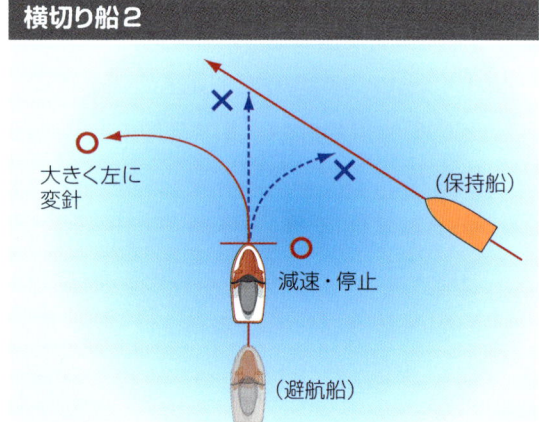

横切り船 2

大きく左に変針
減速・停止
（保持船）
（避航船）

（4）動力船が避けなければならない船舶

　エンジンなどの動力を用いて推進する船舶を「動力船」といい、モーターボートや水上オートバイ、エンジンで走っているヨットなどが当てはまります。航行中の動力船は、次の船舶の進路を避けなければなりません。

① **運転不自由船**　② **操縦性能制限船**　③ **漁ろうに従事している船舶**　④ **帆船**（はんせん）

（帆船とは、帆のみを用いて推進する船舶をいい、エンジンがあるヨットでも帆のみを用いてエンジンを使っていなければ、帆船に当てはまります。）

【1-3】航行中は

1　見張り

（1）乗船中はいつでも見張りをしっかり行いましょう。周囲をよく見ることも見張り、耳をすまして接近する船がいないことを確認することも見張りです。

(2) その時の状況に適したあらゆる手段を使って、衝突のおそれがないか、よく確認をしましょう。

2 安全な速力

(1) 航行中は、いつも安全な速力で航行しましょう。安全な速力とは、他の船と衝突しそうになったときに、針路を変えたり停止したりする回避動作が確実に取れる速力のことです。

(2) 安全な速力は、船の操縦性能によっても変わりますが、視界の状態や風潮流などの海面の状態、あるいは船舶交通の混み具合などを考慮して決めます。

3 衝突のおそれ

(1) 航行中に他の船が接近してきたら、衝突しそうなのかどうかを判断するために、その時の状況で行えるすべての手段を使いましょう。

(2) もし、衝突するのかどうかを確かめることができない場合は、衝突するおそれがあると判断し、早めに行動を取りましょう。

(3) 接近してくる船が、いつまでも同じ方向に見える（コンパス方位が変わらない）ような場合は、衝突のおそれがあると判断します。

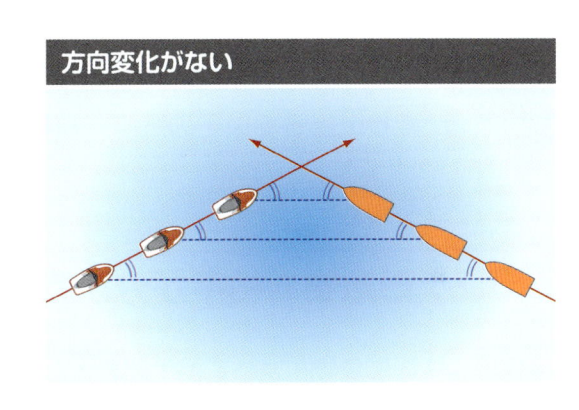

方向変化がない

【1-4】狭い水道や河川では

(1) 狭い水道や河川などでは、可能な限り右側端によって航行しなければなりません。

(2) 長さ20メートル未満の動力船は、狭い水道などの内側でなければ安全に航行することができない大型船の通航を妨げてはいけません。

(3) やむを得ない場合を除いて、錨泊してはいけません。

(4) 前方が確認できないわん曲部に接近する場合は、十分に注意して航行しましょう。

【1-5】霧などで視界が悪くなったら

　霧、もや、降雪、暴風雨、砂あらしなどで視界が悪く、見通しが利かない状態を視界制限状態といいます。

(1) すぐにエンジンを操作できるようにしておきましょう。
(2) 汽笛などの音響信号が前方より聞こえてきた場合は、舵が効く最小限度の速力にするか、必要に応じて停止して船が接近してくるのかどうかを判断しましょう。
(3) 視界が悪いときは、汽笛信号で自分の存在を知らせることになっています。これを霧中信号といい、船の種類によって信号が違います。水上オートバイなどの長さ12メートル未満の船舶は、2分を超えない間隔で笛を吹く、あるいは金属をたたくなどの有効な音響信号を行うことで汽笛信号に代えることができます。

動力船（対水速力有り）	動力船（対水速力無し）	帆船、漁ろう船等	長さ12メートル未満の船舶
2分を超えない間隔で長音1回	2分を超えない間隔で長音2回	2分を超えない間隔で長音1回 短音2回	2分を超えない間隔で有効な音響信号

（注）長音：4秒以上6秒以下の汽笛　短音：約1秒間の汽笛

【1-6】形象物で相手が分かる

　掲げられた形象物によって相手船がどんな船で、どんな状況にあるかが判断できます。

漁ろうに従事している船舶

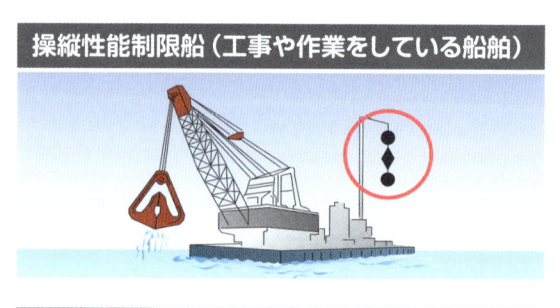
操縦性能制限船（工事や作業をしている船舶）

錨泊中（錨を降ろして泊まっている船舶）

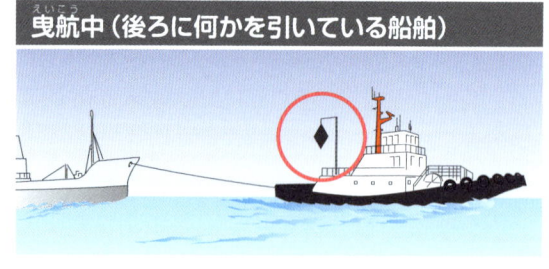
曳航中（後ろに何かを引いている船舶）

【1-7】信号で相手の意図や動作が分かる

1 操船信号

　航行中の動力船が、海上衝突予防法に基づいて針路を変えたり後進するときは、汽笛による操船信号を行います。

(1) 針路を右に転じている場合は、短音1回 　　（●）

(2) 針路を左に転じている場合は、短音2回 　　（● ●）

(3) 機関を後進に掛けている場合は、短音3回 　（● ● ●）

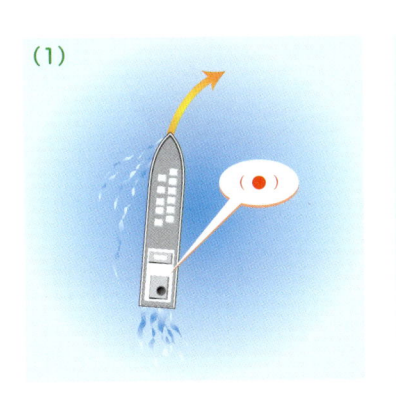

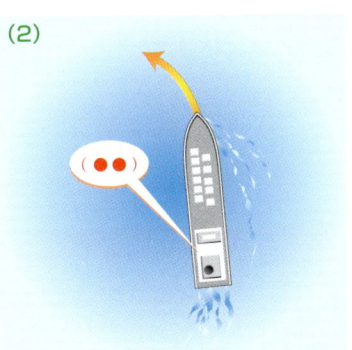

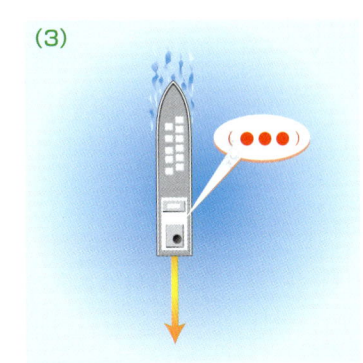

2 警告信号（疑問信号）

　相手が避航船のはずなのに避航動作を取っていない場合や、こちらが避航船なのに左転してこちらに向かってきた場合など、相手の意図や動作が理解できないときは、急速に短音を5回以上鳴らす警告信号を行わなければなりません。

（● ● ● ● ● …………）

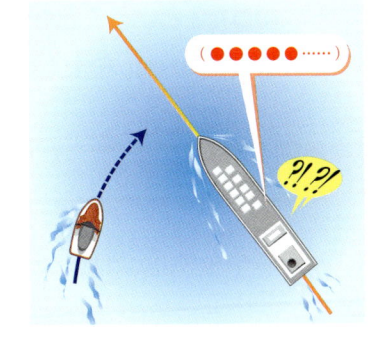

3 注意喚起信号

　前方にある暗礁に気付かず、これに向かって走っている船を発見した場合など、他の船舶に注意を促す必要がある場合は、汽笛を鳴らし続けるなど、他の信号と誤認されることのない注意喚起信号を行うことができます。

4 遭難信号

　船舶が遭難して救助を求めるときには遭難信号を行います。救助の目的以外でこれらの信号と誤認されるような信号を行ってはいけません。代表的なものとして以下のようなものがあります。

（1）霧中信号器（汽笛など）による連続音響による信号
（2）赤色の手持ち炎火（信号紅炎）による信号
（3）左右に伸ばした腕を繰り返しゆっくり上下させることによる信号

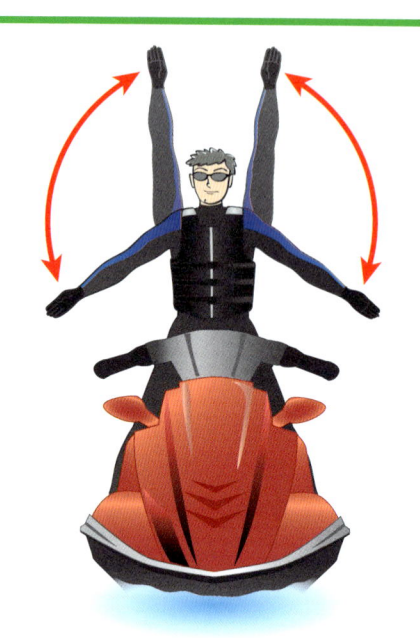

第2課 湖川及び特定水域での交通の方法（都道府県条例等）

　都道府県などの各地方自治体では、河川や湖沼や運河などの内水域における安全を図るため、様々な条例を設けています。
　ここでの例示は、地方条例のごく一部にしか過ぎません。地元の者でないから「知らなかった」ということがないように、河川や湖沼を航行する場合には、そこに適用される交通ルールをよく調べ、決められた規則や規制を守りましょう。

1 水上安全条例

　水上安全条例は、河川や湖沼や運河などにおける船舶交通の安全を図るため、海上衝突予防法における航法だけでなく、港則法の航法やその水域の特性を考慮した航法などを取り入れた、総合的な交通ルールになっています。また、漁業者や海水浴者の安全を確保することを目的とする条例もあります。
　違反者の取締りは、各都道府県警察が行い、違反者には懲役や罰金などの罰則規定を設けています。
　自治体から委嘱を受けた水上安全指導員が、水上交通の安全や事故防止についての指導や啓発活動を行えるように定めた条例もあります。

（1）東京都水上安全条例

船舶交通の秩序を確立して船舶による危険を防止することで水辺の環境を守ることを目的としており、船舶の航法のほか操縦者の遵守事項や水上標識等が定められています。

（2）滋賀県琵琶湖等水上安全条例

琵琶湖等における水上交通の安全を確保し、あわせて水上交通に起因する障害の防止に資するとともに、水上の使用に関する事故の防止を図ることを目的としており、一般水域での交通ルールと同様な航法のほか、遊泳場での航行禁止、特定区域での速力制限、水上オートバイ操縦者の講習受講義務、危険行為の禁止等が定められています。

（3）山梨県富士五湖水上安全条例

富士五湖の水上における交通の安全と事故の防止等を図ることを目的としており、一般水域での交通ルールと同様な航法のほか、酒酔い操縦の禁止、航行禁止区域・保安区域の設定、操縦者の遵守事項等が定められています。

（4）三重県モーターボート及びヨット事故防止条例

モーターボート及びヨットの航行によって発生する事故の防止と、海面利用者の安全の確保を目的としており、海女・海水浴者・漁船・漁具への接近禁止、酒酔い操縦の禁止、操縦者の遵守事項等を定めています。

※上記4条例は2019年6月時点

2 迷惑防止条例

近年、水上オートバイやプレジャーボートなどと、他のレジャーを楽しむ人々とのトラブルが多く発生しています。トラブルを防止し、レジャーを楽しむ者の安全を確保するため、各自治体では、迷惑防止条例と呼ばれる条例を設けています。

以下はある県の迷惑防止条例の抜粋ですが、他の自治体でも同じような条文が設けられています。

モーターボート等による危険行為の禁止

何人も、河川、湖沼、池等において、みだりに、モーターボートその他の原動機を用いて推進する舟、水上スキー又はヨットを疾走させ、急回転し、縫航する等により、その付近で手こぎのボートその他の小舟に乗っている者又は水泳、水遊び、釣り等をしている者に対し、危険を覚えさせるような行為をしてはならない。
この規定に違反した者は、50万円以下の罰金又は拘留若しくは科料に処する。
常習として違反行為をした者は、6月以下の懲役又は50万円以下の罰金に処す。

3 環境の保全を目的とした条例

各自治体には、環境の保全を目的とし、モーターボートなどの航行を規制する条例も制定されています。

(1) 福島県猪苗代湖及び裏磐梯湖沼群の水環境の保全に関する条例

猪苗代湖又は裏磐梯湖沼群において、プレジャーモーターボートを利用する者や、その貸出業を営む者に、環境への負荷の少ないエンジン・オイルを使用することを奨励したり、湖底の泥をかくはんしたり燃料を湖沼へ流出させないことなど、環境に配慮したプレジャーモーターボートの利用を規定しています。

(2) 山梨県富士五湖の静穏の保全に関する条例

富士五湖の静穏を保全するため、主として富士五湖を航行する船舶の騒音を規制するものです。規制の対象となる船舶は、船舶安全法で船舶検査が義務付けられている機関（エンジン）を用いて推進する船舶に限られます。航行できる時間帯を、午後9時から翌日の午前7時までは制限することや、航行中の騒音が、湖畔で5秒間以上連続して70デシベルを超えてはならないとする規制などや、乗り入れ及び航行の届出などが規制されています。

(2019.6)

4 河川法に基づくルール

河川法に基づいて、河川管理者である国や地方自治体が河川を航行する場合のルールを指定しています。また、河川における円滑な通航を確保するため、標識が設置されています。

河川通航標識

河川の通航方法などを示す標識です。標識が設置されているところでは、これに従って航行しましょう。

(1) **禁止の通航標識**：動力船通航禁止、行会い・追越し禁止、回転禁止など
(2) **指示の通航標識**：進行方向、汽笛など
(3) **制限の通航標識**：水上オートバイ通航方法制限、喫水制限など
(4) **情報提供の通航標識**：水上オートバイ可、回転可など
(5) **補助標識**：長音汽笛1回、動力船通航禁止区域など

〈河川通航標識一例〉

5　ローカルルール

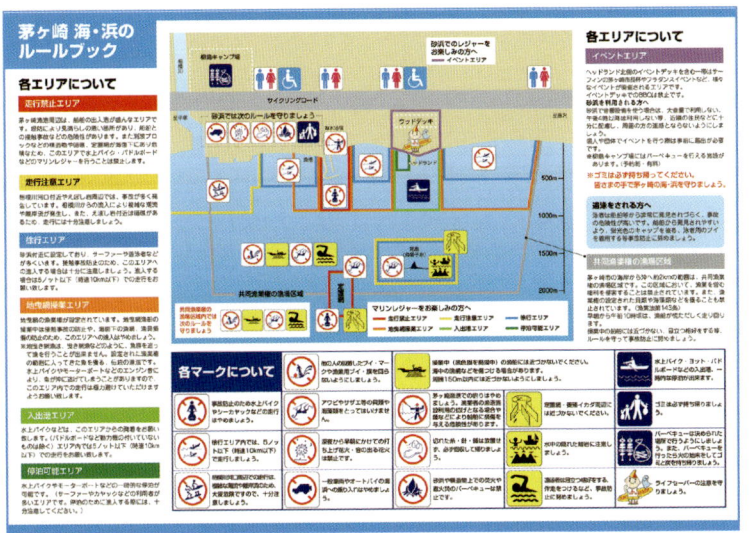

茅ヶ崎　海・浜のルールブック（2019.6）

海岸や川の一区画といった狭い範囲には、その水域のみに通用するローカルルール（地域の関係者等が話し合って決めているルール）が存在するところがあります。初めて行く水域では、必ずローカルルールを確認する習慣を付け、ルールに従って航行しましょう。

【3-1】港内における交通の方法（港則法）

　一般水域とは異なる環境にある港内の、船舶交通の安全と港内の整頓を図ることを目的として「港則法」が定められています。港則法が適用されるのは、全国にある港のうちの約500港ですが、適用されない港においても、この法律に準じた航行を心掛けましょう。港内におけるルールは一般水域におけるルールに優先しますが、港内におけるルールに規定のないものについては、一般水域におけるルールが適用されます。

　なお、このルールが適用される水域は、防波堤の内側だけでなく、海図に記載された港の境界（ハーバーリミット）より内側になります。

港の境界線

防波堤

1　港内は大型船が優先

（1）汽艇等

　港則法で「汽艇等」とは、汽艇（総トン数20トン未満の汽船をいう。）、はしけ及び端舟その他ろかいのみをもって運転し、又は主としてろかいをもって運転する船舶をいいます。汽艇等は、港内では汽艇等以外の船舶の進路を避けなければなりません。

※「汽船」とは海上衝突予防法に定める動力船のことをいいます。

（2）係留等の制限

　汽艇等は、港内においては、みだりに係船浮標（船を繋ぐためのブイ）や他の船舶に係留したり、大型船の交通の妨げとなるような場所に停泊させたり停留させてはなりません。

（3）その他の制限事項

　港内においては、みだりに汽笛やサイレンを鳴らしたり、油送船の付近で喫煙をしたり、船舶交通の妨げとなるような場所で漁ろうをしてはいけません。

2　港に出入りするときは

（1）出船優先

防波堤の入口や入口付近で船同士が出会ったときは、出ていく船（出航船）が優先になります。港に入る船（入航船）は、防波堤の外で待機するなどして出ていく船の進路を避けなければなりません。

（2）航路における航法

やむを得ず航路を航行する場合は、他の船と並んで航行しない、追越しをしない、行き会うときは右側通行をする、という航路内での航法を守りましょう。

（3）航路内優先

航路の外から航路に入ったり、航路から航路の外に出ようとするときは、航路を航行する他の船舶の航行を妨げてはなりません。

（4）投錨の禁止

航路内では、海難を避けようとする場合などを除いて投錨してはいけません。

（5）その他

大型船が航行する航路を避け、水上オートバイはできるだけ航路ではないところを通って出入港しましょう。

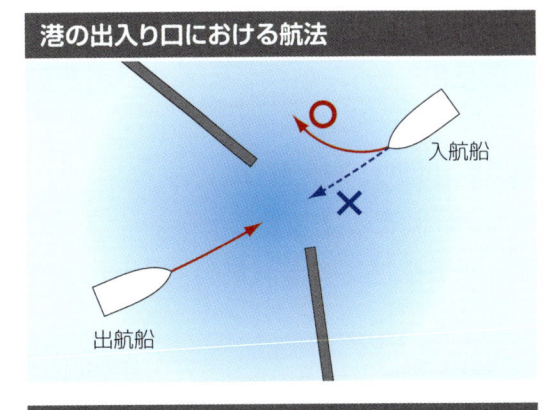

港の出入り口における航法

入航船

出航船

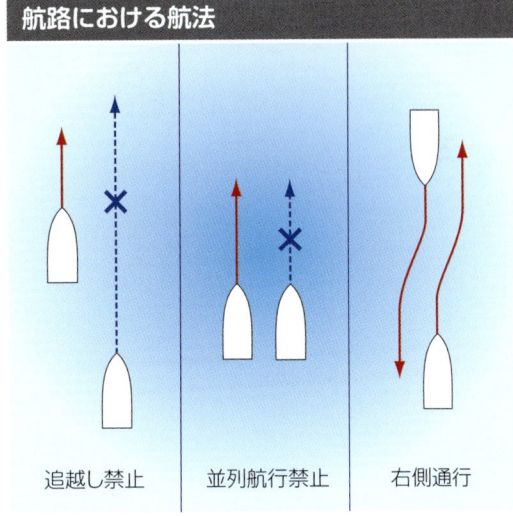

航路における航法

追越し禁止　　並列航行禁止　　右側通行

3　港内では

（1）港内での速力

他の船舶に、危険を及ぼさないような速力で、航行しなければなりません。

（2）右小回り、左大回り

港内にある防波堤の突端や停泊中の船舶を右側に見て航行するときは、できるだけ近寄り、左側に見て航行するときは、できるだけ遠ざかって航行しなければなりません。

右小回り・左大回り

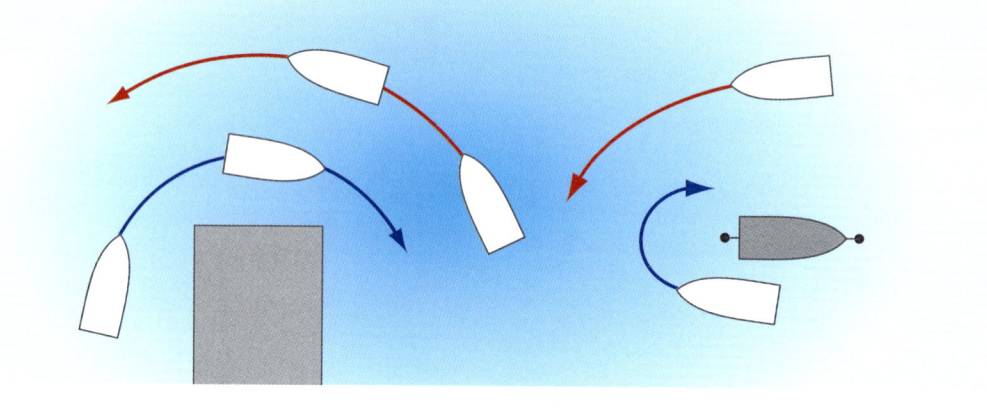

【3-2】 特定海域での交通の方法（海上交通安全法）

東京湾、伊勢湾及び瀬戸内海の海域だけに適用される交通ルールとして「海上交通安全法」が定められています。

1　適用海域には航路がある

（1）このルールが適用されるのは、東京湾、伊勢湾及び瀬戸内海の3海域です。

（2）ここには、長さが50メートル以上の船舶が航行しなければならない航路が設定されています。

（3）航路は大型船の専用通行路といえます。水上オートバイは、できるだけ航路に入らないようにしましょう。

（4）航路航行義務のない水上オートバイ等が航路を航行するときには、航路に沿って定められた方向に航行しなければなりません。

❶ 東京湾

東京　千葉
川崎
横浜
木更津
中ノ瀬航路
浦賀水道航路
剣埼灯台
洲埼灯台

❷ 伊勢湾

名古屋
四日市
佐久島　豊橋
津
松阪
羽豆岬
立馬埼灯台
神島
大山三角点
伊良湖水道航路
鳥羽　石鏡灯台

❸ 瀬戸内海

下関
門司
関門港の東側境界
広島
来島海峡航路（出入・横断制限、追越し禁止）
宇高西航路
水島航路
宇高東航路
呉
水島
備讃瀬戸東航路（横断制限）
明石海峡航路
別府
大分
佐田岬灯台
関埼灯台
松山
備讃瀬戸北航路
備讃瀬戸南航路
大阪
堺
蒲生田岬灯台
紀伊日ノ御埼灯台

※赤い点線は、海上交通安全法の適用海域と他の海域との境界を表す。

（1）航路における一般的な航法

航路においては、次の船舶（漁ろう船等を除く）は、航路に沿って航行している船舶を避けなければなりません。

- ・航路外から航路に入る船舶
- ・航路から航路外に出る船舶
- ・航路を横断しようとしている船舶
- ・航路をこれに沿わないで航行している船舶

（2）出入・横断の制限、追越しの禁止

航路によっては、出入や横断が制限されていたり、追越しが禁止されている区間があるので注意しましょう。

（3）航路の横断

航路を横断する場合は、航路に対しできる限り直角に近い角度で、すみやかに横断しなければなりません。たとえ速力が制限されている区間であっても、素早く横断することが優先します。

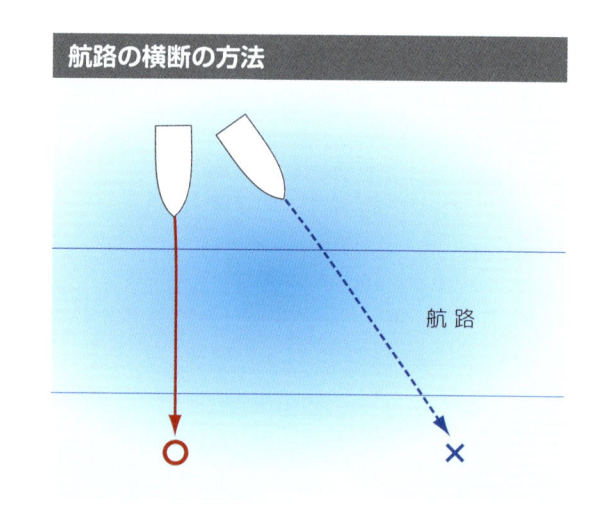

航路の横断の方法

航 路

（4）錨泊の禁止

航路では、人命救助などの特別な場合を除いて錨泊をしてはいけません。

（5）航路内での速力の制限

浦賀水道航路、中ノ瀬航路、伊良湖水道航路及び水島航路の全区間と、備讃瀬戸東航路、備讃瀬戸北航路及び備讃瀬戸南航路の定められた区間では、12 ノットを超える速力で航行してはいけません。

第 **3** 章

運航

| 第1課 | 運航上の注意事項 |

【1-1】 水上オートバイ操縦時の心得

　水上オートバイを操縦するときは、マナーやモラルのほかに次のようなことに注意しましょう。

1 服装

　操縦に適した服装で何よりも安全に航行することを心掛けましょう。

(1) 素肌の露出が少ないもの
(2) 保温性があって、落水したときの衝撃やジェット噴流の水圧を緩和するようなもの
(3) ウエットスーツ、ドライスーツ、手袋、靴、ゴーグル、サングラス等
(4) ライフジャケット

2 エンジンの騒音に注意

(1) 早朝や夕方のエンジン始動は避けましょう。

(2) 不必要な空ぶかしをしないようにしましょう。

(3) 岸近くでは速度を上げないようにしましょう。

(4) 悪質な改造をしないようにしましょう。

(5) 陸上では消音器（サイレンサー）を使用するようにしましょう。

3 大気汚染や水質汚染に留意する

(1) メーカー指定のガソリンや生分解性の高いエンジンオイルを使用するようにしましょう。

(2) 短時間でも、必要ないときはエンジンを止めるようにしましょう。

4 環境保全に留意する

(1) 駐車禁止の場所や指定場所以外には、車を乗り入れないようにしましょう。

(2) たばこの吸い殻やゴミをちらかさないようにしましょう。

(3) ガソリンやエンジンオイルを、捨てたりこぼさないようにしましょう。

(4) 魚類の生息場所や産卵場所付近を航行しないようにしましょう。

(5) 水鳥の生息場所付近を高速航行しないようにしましょう。

(6) 水辺の植生や生態系をこわさないようにしましょう。

(7) 水道用水の取水口付近には近づかないようにしましょう。

【1-2】水上オートバイ操縦時の法定遵守事項

1　小型船舶操縦者法関係

（1）免許関係

① 水上オートバイを操縦するには、特殊小型船舶操縦士の免許を受有しなければなりません。一級、二級小型船舶操縦士の免許を取得しても、特殊小型の免許がなければ水上オートバイは操縦できません。

② 特殊小型船舶操縦士の資格で航行できる水域は、操縦する水上オートバイの航行区域と同じです。

（2）遵守事項

① 自己操縦

水上オートバイは、自己操縦が義務付けられています。無免許の同乗者に操縦させて、自身が後ろに座るということはできません。

② ライフジャケット

水上オートバイを操縦する場合は、ライフジャケット（法定備品として搭載可能なもの）の着用義務があります。同乗者も着用しなければなりません。

③ その他

酒酔い操縦の禁止、危険操縦の禁止、発航前検査の実施、適切な見張りの実施などの遵守事項も必ず守らなければいけません。

（詳細は第１章第３課の3-1「小型船舶操縦者法に基づく遵守事項」を参照してください）

2　船舶安全法関係

（1）航行区域

　水上オートバイの航行区域は、船舶検査証書に記載されています。

① 平水区域の場合

航行区域は、水域内の海岸から２海里以内です。

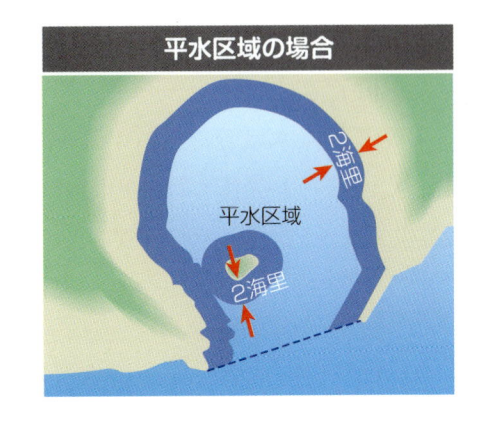

平水区域の場合

平水区域

２海里

２海里

② 沿海区域の場合

安全に発着できる任意の地点から、最強速力で2時間以内に往復できる範囲（最大15海里）のうち、当該地点における海岸から2海里以内が航行区域です。

（注）海岸から2海里を超える地点にある島へは、島から2海里の水域と海岸から2海里の水域とが重なっていても、渡ることはできません。

③ 母船に搭載されている場合

沿海区域内で母船に搭載して使用する場合は母船を中心とした半径2海里以内が航行区域です。

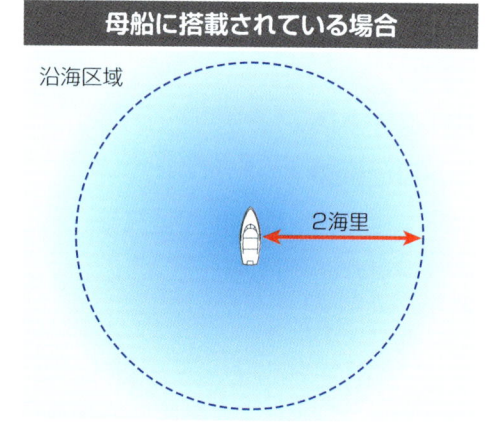

(2) 夜間航行の禁止

水上オートバイは、日没から日出までの夜間の航行が禁止されています。たとえ灯火を表示しても航行することはできません。

3　ローカルルールの概要

条例で水上オートバイの航行区域や禁止事項を定めている場合もありますが、その他にも海岸であるとか、川の一区画といったところには、その水域のみに通用するルール、いわゆるローカルルールが存在します。

ローカルルールは、特定の水域を安全に使用するために、地元の人々が検討して作り出したものです。

初めて行く水域では、必ずローカルルールを確認しましょう。地元のマリンショップなどが、パンフレットを作って周知に努めている場合があります。また、インターネットで情報を公開している場合もあります。

（1）航行禁止

航行が制限されている水域があります。あらかじめ、調べてから航行しましょう。

① 許可がなければ航行できない湖がある。

② 定められた講習を受講しないと、操縦ができない水域がある。

③ ジグザグ走行や急旋回などの制限をしている水域がある。

（2）航行区分

遊覧船、漁船、水上オートバイ等の航行区域を区分している水域や、航行する方向を定めている水域があるので注意しましょう。

（3）搬入場所

水上オートバイを搬入して水面に降ろすときは、必ず許可されたところで降ろすようにしましょう。

第2課　操縦一般

【2-1】水上オートバイの運動特性

水上オートバイは、通常のモーターボートとは違った運動特性を持っています。特性を理解することが、事故を防止する第一歩となります。

1　浅瀬を航行できる

プロペラや舵などの突起物がなく、船底が平らなため、浅瀬航行が可能です。ただし、船底に水の吸込み口があるため、ここから砂やゴミを吸い込むと航行不能になったり、故障の原因となる場合があります。

2　高速で航行できる

エンジン出力に対して、艇体が小さくかつ軽くなっています。加速がよく、素早く滑走状態になるため、艇体にかかる抵抗が少なく、高速航行が可能です。

3　水の抵抗で減速、停止する

水の抵抗によって、減速・停止します。モーターボートのように、プロペラを反転させて急停止することはできません。

4　推進力がなければ方向を変えられない

ジェット噴流の向きを変えることで針路を変更しているので、推進力（ジェット噴流）がなくなると、前進惰力があっても方向転換はできません。

5　体重移動を伴った旋回

水上オートバイは、内傾して（ハンドルを切った側に傾いて）旋回します。操縦者が体重を旋回側に移動することで遠心力に対抗し、内傾を助長することでより鋭く旋回します。

6　転覆しても復原する

水上オートバイは、転覆することを前提に設計されています。そのため人の力で簡単に復原することができます。

【2-2】水上オートバイの構造

水上オートバイには、ハンドルが上下に可動し、立って操縦する1人乗りのスタンディングタイプと、シートに座って操縦し複数名が乗艇できるシッティングタイプがあります。実技試験や講習では、3人乗りのシッティングタイプを使用します。ここでは、シッティングタイプの一例について示します。なお、呼称はメーカーにより異なる場合もあるので取扱説明書で確認してください。

Ⓐ ハル

水上オートバイ下部のエンジンやジェットポンプを収めた部分です。船殻ともいいます。

Ⓑ デッキ

水上オートバイ上部のフットレストやシートが載っている部分です。後方の広い部分をリアデッキといいます。

Ⓒ ハンドルバー

進行方向を変えるためのハンドルで、連動するステアリングノズルの向きを変えます。

Ⓓ シート

乗員用の座席です。エンジンルームのふたも兼ねています。水が入らないようにしっかりロックしておきます。

Ⓔ バウアイ

船首部分に設けられ、係留ロープや曳航される場合のロープをつなぐとき、トレーラーに固定するときに利用します。

Ⓕ 燃料タンクキャップ

燃料給油口のふたです。航行中に緩むと水が混入しますので、しっかりと締めておきます。

Ⓖ ガンネル

ハルとデッキが接合する艇体外周部です。一般に樹脂製の緩衝材が取り付けられています。

Ⓗ スポンソン

滑走時の直進加速性や旋回時の操縦安定性を高めます。

Ⓘ シフトレバー

ジェット噴流の方向を反転させるリバースゲートを操作します。機種によってはないものもあります。

Ⓕ 燃料タンクキャップ

Ⓘ シフトレバー

Ⓒ ハンドルバー
Ⓓ シート
Ⓔ バウアイ
Ⓖ ガンネル
Ⓑ デッキ
Ⓐ ハル
Ⓗ スポンソン

J 冷却水点検孔（検水孔）

エンジンを始動した際に、冷却水の循環状態を知るための孔です。この孔から水が出ていれば正常です。機種によってはないものもあります。

K グリップハンドル

同乗者が身体を支えたり、転落時など、水中から乗り込むときに使います。

L スターンアイ

船尾部分に設けられ、上部は遊具を引くときに、下部は他の水上オートバイを曳航するときに使います。

M リボーディングステップ

水中から乗り込むときに、足を掛けて乗り込みやすくする装置です。普段はバネの力で格納され、操縦の邪魔にならないようになっています。機種によってはないものもあります。

N ステアリングノズル

ハンドルバーと連動し、ジェットノズルから放出されたジェット噴流の向きを変えます。

O リバースゲート

ステアリングノズルにおおいかぶさるように可動し、ジェット噴流の向きを船首方向に変えます。噴流の向きを変えることによって後進したり、疑似的な中立の状態にすることができる機種もあります。

P ドレンプラグ（排水口）

エンジンルーム内にたまった水などを排水するため、船尾に設けられた排水口です。水に浮かべる前に確実に締め付けます。

J 冷却水点検孔（検水孔）

K グリップハンドル

L スターンアイ

M リボーディングステップ

O リバースゲート

P ドレンプラグ（排水口）

P ドレンプラグ（排水口）

N ステアリングノズル

ⓠ フットレスト

両足を置き、乗船者の安定を図ります。

ⓡ スロットルレバー

エンジンの回転数を調整します。手前に引くタイプと押すタイプがあります。引く（押す）と回転数が上がり、緩めると下がります。

ⓢ 後進システム

左手のレバー操作による1アクションでの前後進を切り替える機能があります。

ⓣ スタートボタン（エンジン始動スイッチ）

ボタンを押すとセルモーターが回転しエンジンが始動します。ストップボタンと一体になったものもあります。

ⓤ ストップボタン（エンジン停止スイッチ）

ボタンを押すと点火をカットしエンジンが停止します。スタートボタンと一体になったものもあります。

ⓥ 緊急エンジン停止スイッチ

転落時などの緊急時にエンジンを強制的に停止させる装置です。ハンドルなどにあるスイッチにプレートなどを差し込み、引き抜くとエンジンが止まります。

ⓦ 緊急エンジン停止コード

緊急エンジン停止スイッチと手首や身体をつなぐため、一端に差し込みのプレートなどが付き、他端にリストバンドやフックが付いたコードです。ある程度の衝撃や、操縦姿勢の変化にも対応できるよう、カールコード（コイル状の伸縮自在のコード）を使っています。

ⓢ 後進システム

ⓥ 緊急エンジン停止スイッチ

ⓣ スタートボタン（エンジン始動スイッチ）

ⓤ ストップボタン（エンジン停止スイッチ）

押すタイプ

引くタイプ

ⓡ スロットルレバー

ⓦ 緊急エンジン停止コード

ⓠ フットレスト

⊗ ポンプカバー

船底に取り付けられたジェットポンプを保護するためのプレートです。ライドプレートともいいます。

Ⓨ ジェットインテーク（吸水口）

推進力を得るためのジェット噴流に必要な水と、エンジンを冷却するために必要な水を吸入します。入口には格子（インテークグリル）があり、大きなゴミの侵入を防ぎます。

Ⓩ ドライブシャフト

エンジンの回転動力をインペラに伝える棒状の金属部品です。

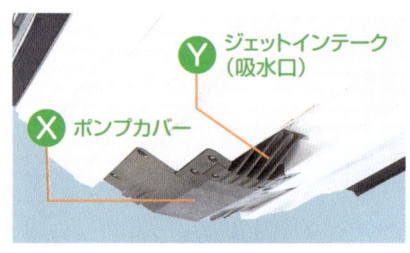

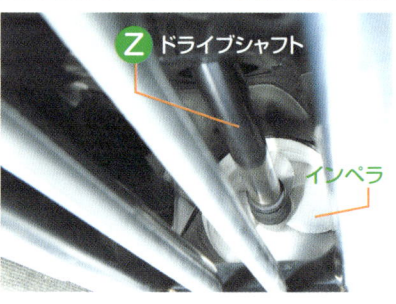

参考 メーカーによる構造の違い

	緊急エンジン停止スイッチ	スロットルレバー	メーター	シフトレバー
Aタイプ				
Bタイプ				（後進システム）
Cタイプ				

2 推進力を得るための構造

(1) 水上オートバイは、船底にあるジェットインテークから吸い込んだ水をジェットポンプ内の「インペラ」と呼ばれるプロペラで加速し、整流器で真っ直ぐな流れとして、船尾のジェットノズルから勢いよく吹き出して推進するものです。

(2) エンジンの回転が上がるほどインペラが勢いよく回り、噴射力が強くなって速力が上がります。

(3) ハンドルバーに付けられたスロットルレバーを操作することにより速力を調整します。スロットルレバーを戻すとエンジンはアイドリング状態になります。

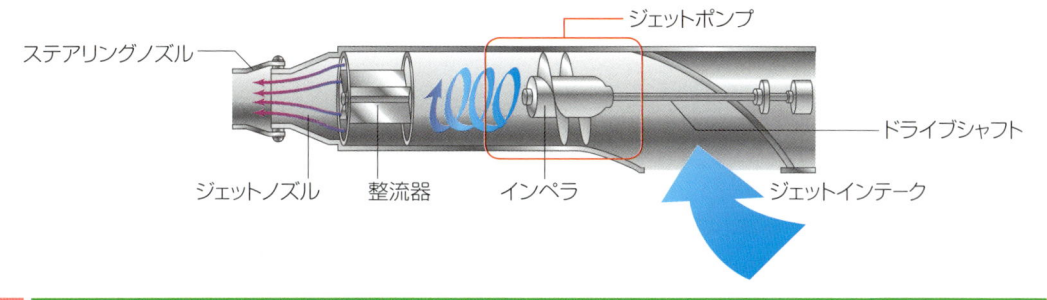

ステアリングノズル　ジェットポンプ　ドライブシャフト
ジェットノズル　整流器　インペラ　ジェットインテーク

3 方向を変えるための構造

(1) 進行方向を変える場合には、ハンドルを左右に切ります。ハンドルと連動したステアリングノズルが左右に振れ、噴射する水の向きを変えることで艇体の向きが変わります。

(2) エンジンの回転を上げるほど、噴射力は強くなり、ハンドルを切った角度が一定でも旋回性能は高くなります。

(3) 船底に舵（かじ）となる抵抗物がないため、エンジンを止めて推進力がなくなると、惰力（だりょく）が残っていても方向転換はできません。

(4) 高速から急減速した場合は、方向を変えるための推進力よりも、直進しようとする惰力が強く、ほとんど向きは変わりません。
このような低速での旋回性能を確保するため、急減速しても、同時にハンドルを切るとエンジンの回転数をアイドリングより上げて推進力を確保し、旋回できるようにした機種もあります。

(5) 後進時は、ジェット噴流の方向を反転しているだけなので、推進力は弱くなります。ハンドルを切った方向とは逆に船尾が動く機種もあるので注意が必要です。

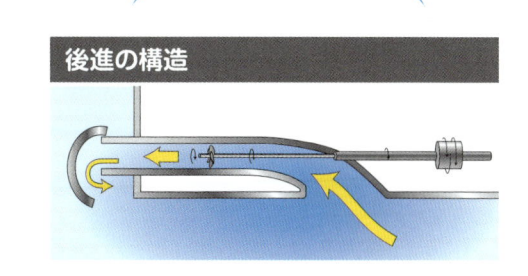

噴流の向きと船体の動き

後進の構造

4 転覆を考慮した構造

(1) 自動排水機能

転覆したり、波をかぶったことにより船内にたまった水を自動的に排出する機能が備えられています。これは、船底から吸い込んだ水が船尾方向に勢いよく流れることを利用して、強制的に排出する機構となっています。

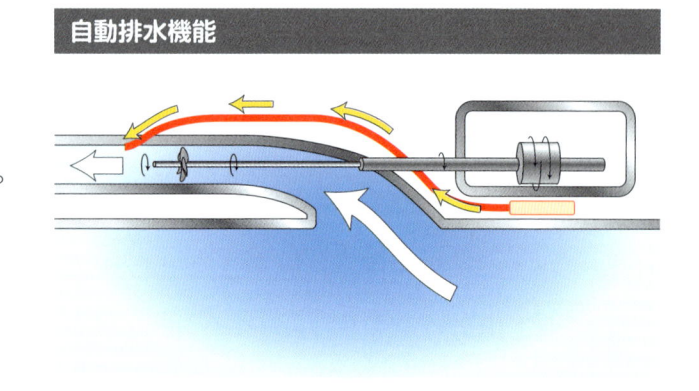

自動排水機能

(2) 不沈構造

すべての水上オートバイは、船内いっぱいに水が入っても沈まないように作られています。ただし、転覆したままにしておくと、エンジンが水につかって再始動できなくなるおそれがあるので、できるだけすみやかに復原しましょう。

【2-3】操縦の基本

1 安全確認

(1) 水上オートバイを発進させるときは、遊泳者や浮遊物の有無、あるいは他船の動向など、周囲の状況をよく確認しましょう。
(2) 航行中は周囲をよく見張り、旋回や減速、停止など今までと異なる動作を取るときは、視認により安全確認を行う習慣をつけましょう。

2 乗り降り

いずれも、エンジンを止めた状態で行います。

(1) 桟橋での乗り降り
① 片足を桟橋側のフットレストに乗せ、同時に両手でハンドルをつかみ、バランスを取りながら、シートにまたがります。
② 同乗者がいる場合は、先に操縦者が乗艇し、続いて同乗者がバランスを取りながら乗り込みます。

③ 桟橋に降りる場合もバランスに気を付けて、同乗者がいる場合は、先に降ろしてから、操縦者が最後に降りましょう。

（2）砂浜での乗り降り

① 砂浜では、船底から砂や小石を吸い込まないように、ある程度の水深（腰がつかるくらい）があるところで乗り降りするようにしましょう。

② 後方に回って船尾側から乗り込みます。同乗者がいる場合は、操縦者が先に乗り、後から同乗者が乗り込みます。

③ 艇体を左右にゆすって、ジェットインテークやインペラに付着している砂などを落とします。

④ 砂浜で降りる場合は、砂浜に乗り揚げてから降りると、艇体を傷めたり、ジェットインテークから砂を吸い込んでインペラを傷めたりします。足が着く程度のところでエンジンを止め、着底する前に降ります。

⑤ 降りるときは、船尾側から降ります。同乗者がいる場合は、同乗者を先に降ろした後に、操縦者が降りましょう。

（3）水中での乗り降り

① エンジンが停止していることを確認します。エンジンが掛かったままだと、ジェット噴流の水圧でけがをしたり、身体や衣服がジェットインテークに吸い込まれたりして非常に危険です。

② 水上オートバイの船尾から乗り込みます。

③ シートの後ろにあるグリップハンドルやリボーディングステップを使うと楽に乗り込めます。リアデッキに両手をついたりグリップハンドルを握ってある程度身体を持ち上

桟橋での乗り降り

ひとり

ふたり

砂浜での乗り降り

ひとり

ふたり

砂を落とす

げ、リアデッキに膝をついて乗り込みます。

④ リアデッキに両足が乗ったらシートの上をなるべく低い姿勢で移動し、適正な位置に座ります。

⑤ 水中に降りる場合も、後方から降ります。エンジンが掛かったまま降りることは非常に危険です。確実に停止していることを確認してから降りましょう。

水中での乗り降り
ひとり
ふたり

3 操縦姿勢

(1) 水上オートバイに乗り込んだら、両手でハンドルを握り、両足をフットレストに乗せます。肘を軽く曲げ、肩の力を抜きましょう。内股でシートを挟むように座ると安定します。

(2) 波がある場合や高速で航行する場合は、腕に余裕を持たせ、シートから少し腰を浮かせます。視線を高くし、膝で波の衝撃を吸収するようにするとよいでしょう。

(3) 腕を突っ張ったり、足を開いて乗っていると、旋回時や波を受けたときに振り落とされる危険性があります。

(4) 大きく体を前に傾けると、顔面をハンドルに打ち付けたりして危険です。なるべく、余計な力の入らない、自然な姿勢で操縦するように心掛けましょう。

良い例

悪い例

4 基本操作

　操縦はハンドル操作とスロットル操作の両方を使って行います。近年、水上オートバイの機能は年々進化し、後進機能やそれを発展させたブレーキ機能を備える機種が増えてき

ました。ブレーキ機能とはいえ急停止できるわけではなく、操縦はあくまでもハンドル操作とスロットル操作が基本であることを忘れないでください。

（1）ハンドル操作

　ハンドルバーを左右に動かして行いますが、エンジンの回転数によって旋回性能が変わります。エンジンの回転数が高く、ジェット噴流が強いほど鋭く曲がります。高速航行中は、ハンドルを切ると同時に、その方向に体重を移動することにより、円滑に操縦できます。

（2）スロットル操作

　スロットルレバーを引く（スロットルを開けるといいます）と増速し、レバーを緩めれば減速します。

　加速性が非常に強いので、スロットルレバーの操作はゆっくり、なめらかに行いましょう。急な加速・減速は非常に危険です。

【2-4】 旋回・危険回避・転覆復原の方法

1　旋回の方法

（1）低速での旋回

① 安全確認を行います。

② 旋回方向にハンドルを切ります。

③ 外力の影響が強い場合は、スロットルを少し開けます。

④ 艇体が不安定なときも、スロットルを開けて安定をはかります。

（2）中速・高速での旋回

① 安全確認を行います。

② 適切な速力にします。このときスロットルレバーを完全に戻してはいけません。

③ ハンドルを旋回方向に切りながら、旋回方向に体重を移動します。

④ 膝でシートをおさえ、両足でふんばります。

⑤ 目的の方向に向く少し手前から、徐々にハンドルを戻します。

2 危険回避の方法

　水上オートバイの事故のうち、危険を回避するための基本操作を知らなかったために起きた事故が多くあります。水上オートバイは、ジェット噴流が適度にある状態でなければ思ったような旋回ができません。

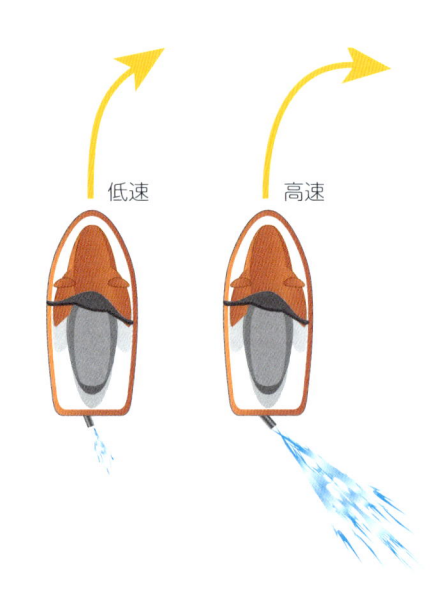

低速　　高速

(1) 低速航行中
① ハンドルを避ける方向に切ります。
② 同時にスロットルを開けて、速度を上げます。

(2) 中速航行中
① そのままの速力で避ける方向に体重移動し、ハンドルを切ります。
② 状況に応じて、瞬間的にスロットルを開けて、一気に旋回します。

(3) 高速航行中
① 適度な速力に減速します。
② 中速力と同様な方法で、危険を回避します。
③ スロットルレバーを完全に戻すと、ハンドルを切っても思ったように向きは変わりません。
④ 高速力のままで、急旋回して避けるのは非常に危険です。

3 転覆時の復原方法

(1) 転覆してしまった場合は、まず、あわてず水上オートバイに泳ぎ寄り、エンジンが止まっていることを確認します。もし停止していなければ、緊急エンジン停止コードを抜くか、ストップボタンを押して確実に停止します。

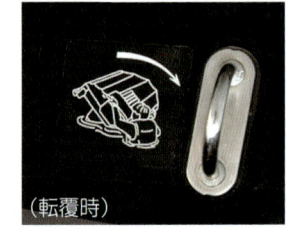

(転覆時)

(2) エンジンの停止を確認したら、船尾側に泳ぎます。後方に貼られている引き起こしの方向を示すステッカーに従って回転させます。指示方向と反対に回すと、エンジン内部に水が入ってしまい、再始動できなくなるおそれがあります。機種によっては方向を指定していないものもありますから、乗艇前に確認しておきましょう。

(3) 船尾側から見て時計回り（右回り）に起こす場合は、左手でポンプカバーをつかみ、左足又は両足でガンネルに体重を掛けながら艇体を押し下げて、艇体が少し起きてきた

ら右手でスポンソン、続いて左手でガンネルをつかんで引き起こします。この際、ジェットインテークに手を掛けると、挟まれるおそれがあるのでやめましょう。

(4) 艇体が回転し始めたら足を外し、復原する直前に艇体を突き放すようにします。水上オートバイの下敷きにならないように注意しましょう。

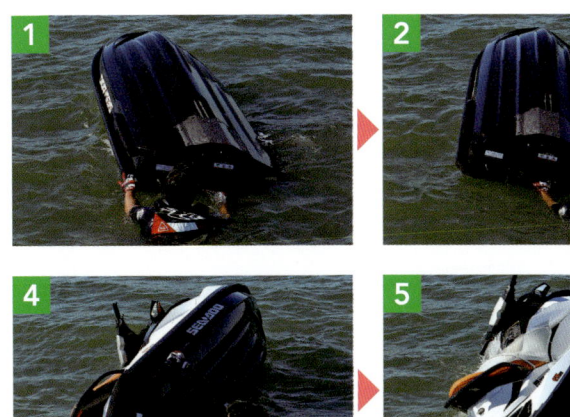

【2-5】 荒天時の操縦・トーイング時の注意

1 荒天時の操縦方法

波が荒いところでの操縦は、艇体、操縦者の両方に大きな負担が掛かります。やむを得ず荒天時に航行しなければならない場合は、以下のことに気を付けましょう。

(1) できるだけ衝撃を吸収できる姿勢を取りましょう。腰を浮かし、膝を軽く曲げ身体を柔軟に保ちます。波によって船首が連続的に上下する状態が起きたら、体重を前方へ移動すると抑えられます。

(2) 波を受ける場合は、できるだけ船首方向から30度以内で受けるようにします。横方向から受けると、波の力で転覆しやすくなってしまいます。

(3) 波を横切らなければならない場合は十分速度を落として、艇体、操縦者とも、なるべく、波の衝撃を受けないようにしましょう。

(4) 海岸付近にはいろいろな形の波が押し寄せます。海岸から出艇する場合などは特に注意し、危険だと感じたら出艇を中止しましょう。

(5) 波が高いと目線の低い水上オートバイは周りの状況が確認しにくく、他の船舶からも水上オートバイは発見しづらくなります。したがって、水上オートバイは、他の船舶が

見えたら早めに避けるようにしましょう。

(6) 沿岸に近づく場合や入港する場合は、沖合から状況をよく観察してから近づくようにしましょう。

(7) 大きな波の場合は、上り斜面で速力を上げ、波を越える少し前に速力を下げるように速力調整して航行しましょう。

(8) 後方から波を受ける場合は、波の背中につかまるような感じで速力調整しながら航行しましょう。

2　トーイング時の注意

（1）他の水上オートバイを曳航（えいこう）する場合の注意

① 　曳航する場合は、できるだけ低速で行うことが大切です。

② 　曳航ロープは、下部（ハル側）のスターンアイに結びます。ロープにはかなりの力が掛かるので、十分強度があり、ある程度の長さのあるものを使用します。特に引き始めは、大きな力が掛からないように、徐々に引き始めることが大切です。

③ 　曳航中は、後方の確認を忘れないようにします。ロープが強く張る場合は、ロープが短いか、速度が速すぎるときです。状況に応じて速力調整をします。

④ 　停止する場合は、徐々に停止します。急減速すると曳航していた水上オートバイに追突されたり、急激にたるんだ曳航ロープが、ジェットインテークから吸い込まれたりするので注意が必要です。

（2）他の水上オートバイに曳航（えいこう）される場合の注意

① 曳航される場合は、曳航用のロープを必ずバウアイにつなぎます。曳航ロープには非常に大きな力が掛かるので、ハンドルなどに結ぶと強度が足りず、破損する危険があります。また、バランスが悪く、横倒しになってしまうこともあります。

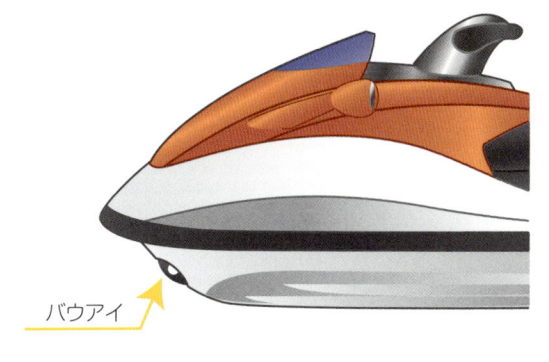

バウアイ

② 曳航される場合には、必ず乗艇した状態でなければなりません。無人で曳航されると、波を受けて横倒しになったり、船尾側が軽くなって船首が波に突っ込んでエンジンルームに水が入ったりします。乗艇してバランスを取りながら曳航されるようにします。

3　遊具トーイング時の操縦方法

水上オートバイでは、水上スキーやウェイクボード、あるいはバナナボートなどの遊具を手軽に引いて遊ぶことができます。通常航行する場合よりかなり操縦が難しいので注意しましょう。

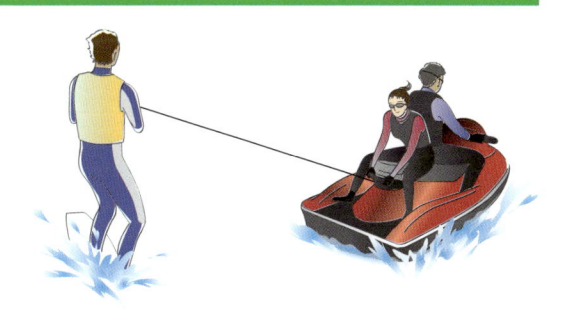

（1）水上スキー、ウェイクボードを引く場合の注意

① 必ず見張り役を同乗させましょう。
② プレーヤー（引かれる者）との間に合図を決めておきましょう。加速してほしいとき、そのままの速力で走ってほしいとき、停止してほしいときなど、ジェスチャーで合図するようにしましょう。

トーイングのジェスチャー

スピードアップ　　スピードダウン　　ストップ

③ 他のボートや泳いでいる人たちとの衝突を避けるため、混み合った水域では行わないようにしましょう。

④ 水域によって、トーイングに関する条例や規制がある場合があります。必ず事前に確認しましょう。

⑤ 旋回に伴ってプレーヤーが外に振り出たときに他の船や障害物にぶつからないようにしましょう。

⑥ 他のトーイング中の船とすれ違う場合は、とくに横間隔に注意しましょう。自船のトーイングロープの2倍以上の横間隔を取りましょう。

旋回	すれ違い
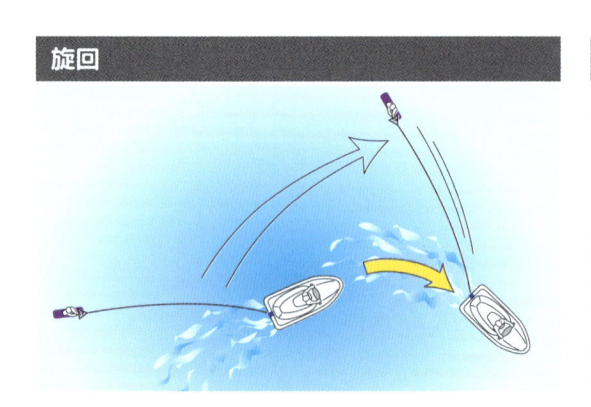	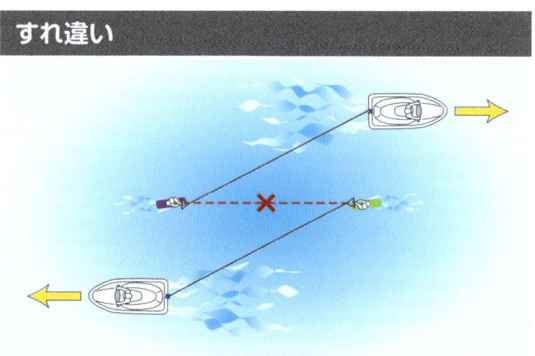

（2）見張りに関する注意

① 見張り役は、後方を向いて、グリップハンドル等をしっかりつかんでおきます。

② 見張り役は、プレーヤーの合図を操縦者に伝えるとともに、転倒した場合には直ちに操縦者に知らせます。また、プレーヤーだけでなく、後方の安全確認も常に行いましょう。

③ トーイングロープがジェットインテークから吸い込まれてインペラに絡（から）まないように注意しましょう。

④ 発進時には、トーイングロープが、プレーヤーの手足に絡まっていないことを確認しましょう。

（3）バナナボートやビスケット等を引く場合の注意

① 見張り役を同乗させましょう。

② 引かれる者との間に合図を決めておきましょう。

③ バナナボートやビスケット等を引く場合は、水上スキーやウェイクボードと違い、遊具に乗っている人の意思ではコントロールできないことを考えましょう。旋回時は十分に速力を落として航行しましょう。

④ 遊具に乗っている人は、旋回時に転倒したり、振り落とされたりすることがあります。ライフジャケットを必ず着用させ、頭部の保護具もできるだけ着けさせましょう。

⑤ 波を越えるときは、かなりの衝撃を受けるので、速力を落としましょう。

⑥ 水上オートバイの定員を超える人数を遊具に乗せる場合（例えば定員3人の水上オートバイで遊具に2人以上）は、緊急時に全員を救助できるよう他の水上オートバイ等を同行させましょう。

第3課　航法の基礎知識

【3-1】沿岸・湖川における航法

1　ツーリング時の注意

（1）ツーリングは必ず2艇以上で行いましょう。その水域に詳しい人や、経験の豊富な人が先導役をするとよいでしょう。また、航行順も決めておきましょう。

（2）航行ルートを確認しておきましょう。特に海図やヨッティングチャートでは、海上のことは詳しくても陸上の施設などはあまり詳しく記載されていません。陸岸に沿って走ることの多い水上オートバイのツーリング

付近の道路地図

では、目標となる建物などが詳しく描かれている陸上の道路地図をいっしょに使うとよいでしょう。また、給油できるところ（マリーナや海岸近くにあるガソリンスタンド）を必ず確認しておきましょう。

(3) 水上オートバイは、とっさには止まれません。先行艇が急に減速した場合でも、安全に停止できるだけの間隔を空けて航行しましょう。

(4) 先行艇の真後ろを走らないようにしましょう。真後ろは走りにくく、急減速されたときに追突するおそれがあります。

(5) 引き波の範囲内は風浪の影響が少なく走りやすいので、先行艇の引き波の中で航跡の真後ろを避けた位置を走るのが安全です。

(6) 針路を変更するときは、安全確認をしっかり行いましょう。針路変更は、後方の安全確認をするとともに、後ろから来る艇に分かるように合図をしてから行うようにしましょう。

複数で航行する場合のポジション

2 河川を航行する場合の注意

(1) 川がカーブしているところでは、一般的にカーブの内側は浅くなっています。水深が分からない場合は、大回りをするようにしましょう。

(2) 川幅が急に広くなっているところは、中央部が浅くなっている場合があります。水面を見て、白波が立っていたり、周りより波の立ち方が細かいところは浅くなっているので、避けて航行しましょう。

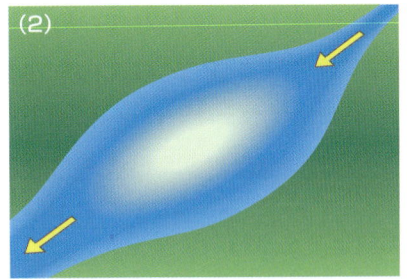

(3) 河口付近は、潮の干満の影響を大きく受けます。満潮時に航行できても、干潮時には浅くなったり、干上がったりするところがあります。干潮時にはできるだけ流れの中心を航行するなどの注意が必要です。また、満潮時には、上げてきた潮と川からの水流がぶつかり、三角波を生ずる場合があるので注意しましょう。

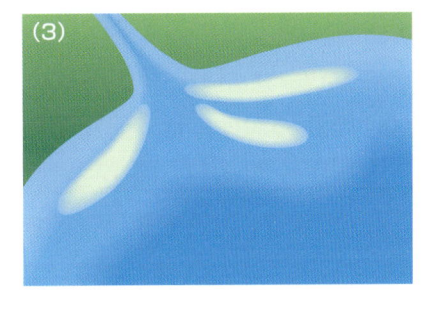

(4) 大雨の後などは、ゴミや河原の枯れ草などが大量に流れてくることがあります。水上オートバイは、水面近くで水を吸い込むため、ゴミなどを吸い込まないように注意しましょう。

(5) 川の流れに沿って航行すると針路変更が難しくなり、流れとほぼ同じ速度で川を下るような場合は、ほとんど変針できなくなるので注意が必要です。

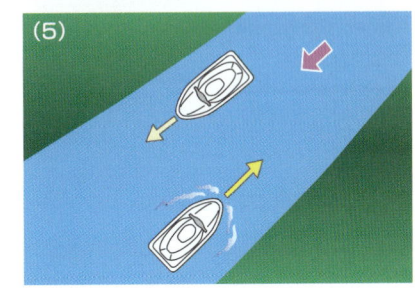

3 沿岸を航行する場合の注意

（1）波や風の影響を受けると、一定のコースを保持することが難しい場合があります。前方にある二つの物標が重なって見える線（重視線）の上を走るとコースのずれが分かりやすくなります。

重視線でコースを定める

遠浅な海岸

急深な海岸

（2）切り立った陸岸では、水面下も急傾斜で水深が深く、なだらかな海岸では、遠浅になっていると推測できます。また、海岸に岩場が点在するようなところでは、岸近くの水面下にも同じような岩場があると考えられます。ただし、全く逆の場合もありますから、あくまでも目安としてください。

（3）内海の沿岸には、養殖の筏や網が設置されていたり、船がつないであったりします。付近を航行する場合は速力を落として、引き波で迷惑をかけないようにしましょう。また人家があるところでは速力を落とし、騒音で迷惑をかけないようにしましょう。

（4）海藻を吸い込むとジェットインテークが詰まるおそれがあります。海藻が密生しているところはできるだけ避けて航行しましょう。

船が係留されている内海

【3-2】浮標式（ふひょうしき）

　海上に設置される航路標識の意味や様式などを浮標式といいます。航路標識のトップマークの形状や塗色でその意味を覚えましょう。

　航路や標識の右側（左側）とは、水源に向かって右側（左側）をいいます。水源とは、港や湾の奥部、河川の上流をいいます。

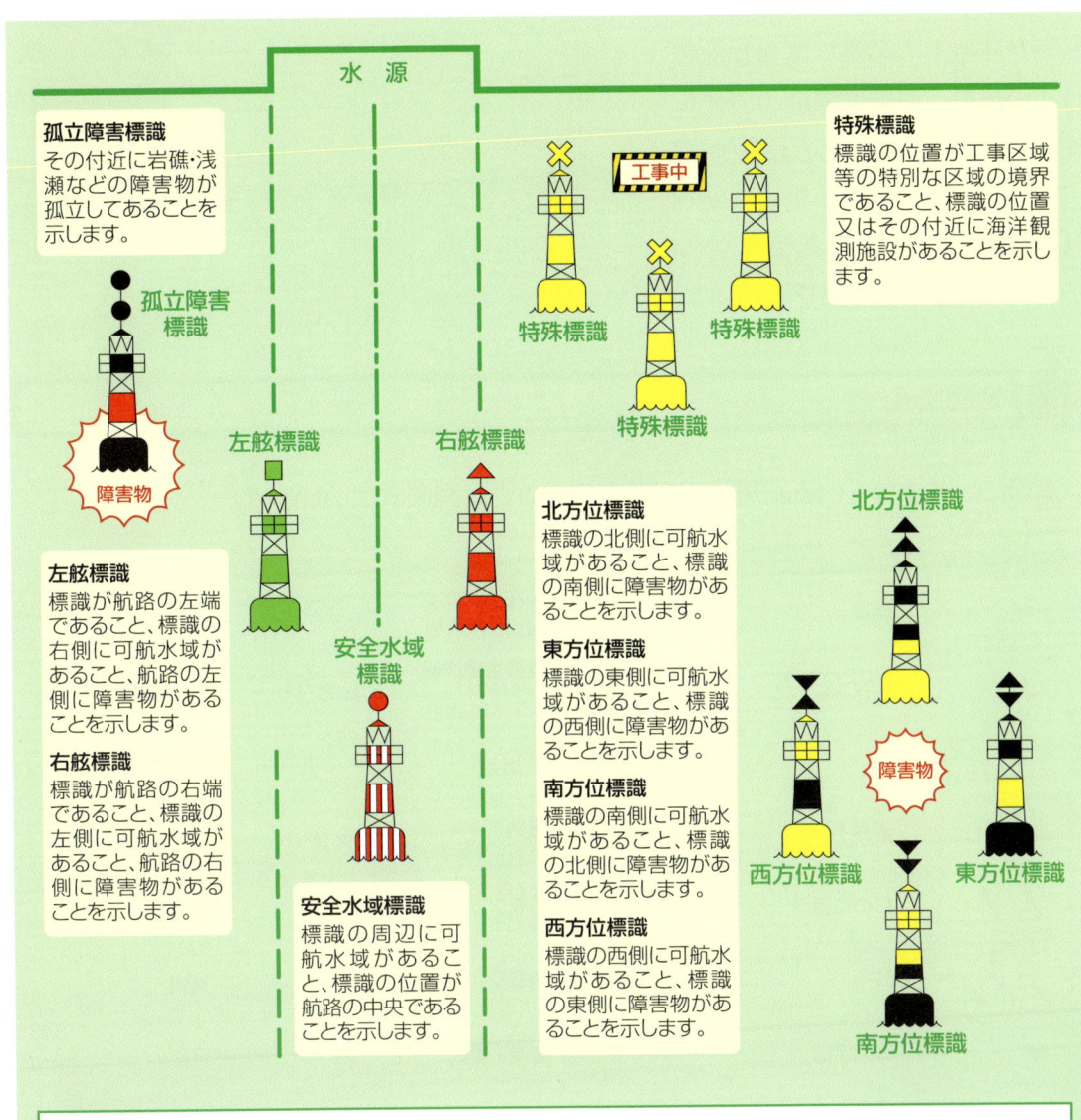

孤立障害標識
その付近に岩礁・浅瀬などの障害物が孤立してあることを示します。

特殊標識
標識の位置が工事区域等の特別な区域の境界であること、標識の位置又はその付近に海洋観測施設があることを示します。

左舷標識
標識が航路の左端であること、標識の右側に可航水域があること、航路の左側に障害物があることを示します。

右舷標識
標識が航路の右端であること、標識の左側に可航水域があること、航路の右側に障害物があることを示します。

北方位標識
標識の北側に可航水域があること、標識の南側に障害物があることを示します。

東方位標識
標識の東側に可航水域があること、標識の西側に障害物があることを示します。

南方位標識
標識の南側に可航水域があること、標識の北側に障害物があることを示します。

西方位標識
標識の西側に可航水域があること、標識の東側に障害物があることを示します。

安全水域標識
標識の周辺に可航水域があること、標識の位置が航路の中央であることを示します。

方位標識のトップマークの覚え方

1（▲▲）：地図で北は上の方、頂点がいずれも上向きは北 ……………… 北方位標識

2（◆▼）：エレベーターの押しボタン型は、Elevatorの（E）………… 東方位標識（East）

3（▼▼）：地図で南は下の方、頂点がいずれも下向きは南 ……………… 南方位標識

4（✕）：ワイングラス型は、Wine-glassの（W）………………………… 西方位標識（West）

【3-3】海図の取扱い

沿岸を航行する場合、コースを決めたり、沿岸の海底の様子を知るためには、海図を参考にします。

海図には、沿岸の形状、特に目だつ目標物、水深、底質、障害物など航海をする上で必要な情報が記されています。海図は事前の調査に使い、ツーリングなどの長距離航行では、水濡れに強く、携帯に便利なヨット・モータボート用参考図（Yチャート）を使うとよいでしょう。

ヨット・モータボート用参考図の例

1 海図図式

海図に記載されている記号や符号等をまとめて海図図式といいます。

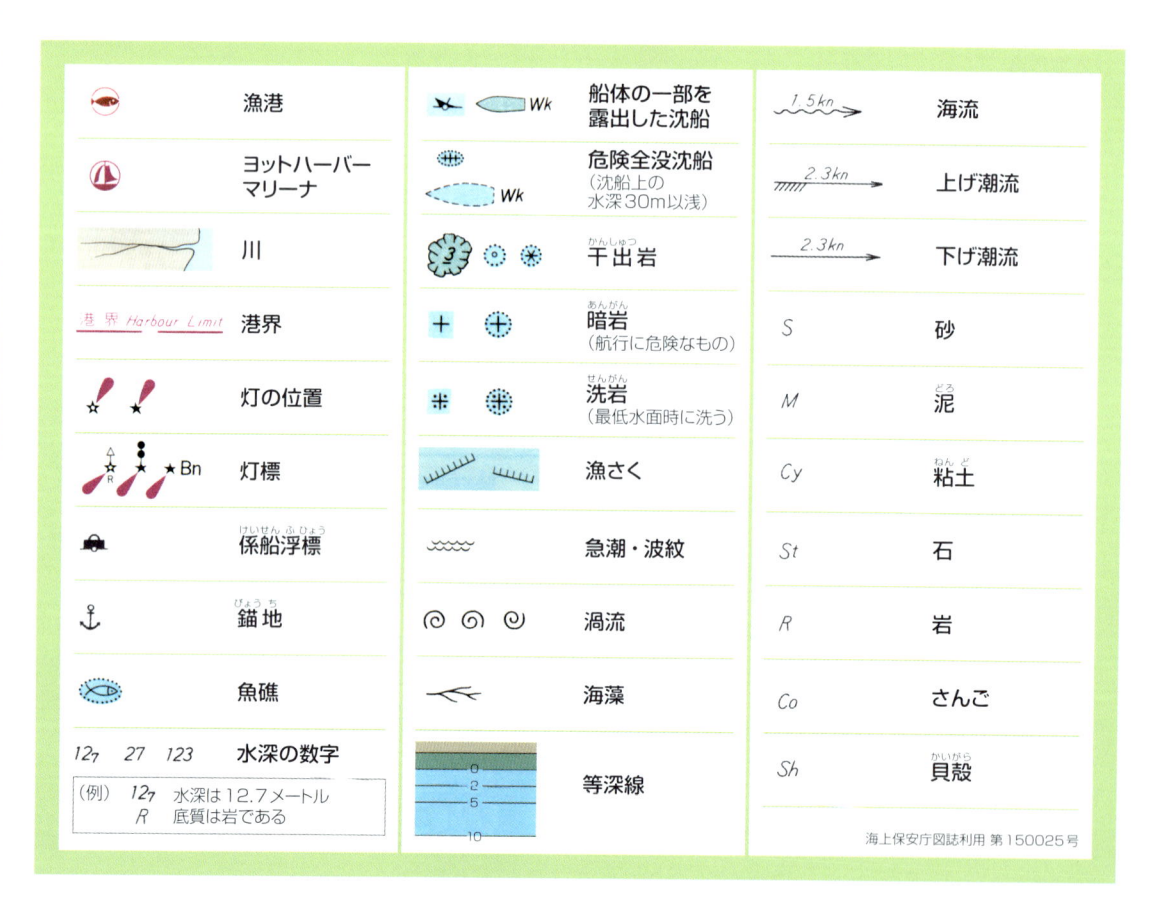

	漁港		Wk	船体の一部を露出した沈船	1.5 kn	海流
	ヨットハーバー・マリーナ		Wk	危険全没沈船（沈船上の水深30m以浅）	2.3 kn	上げ潮流
	川			干出岩	2.3 kn	下げ潮流
港界 Harbour Limit	港界			暗岩（航行に危険なもの）	S	砂
	灯の位置			洗岩（最低水面時に洗う）	M	泥
	灯標			漁さく	Cy	粘土
	係船浮標			急潮・波紋	St	石
	錨地			渦流	R	岩
	魚礁			海藻	Co	さんご
12₇ 27 123	水深の数字			等深線	Sh	貝殻

（例） 12₇　水深は12.7メートル
　　　 R　　底質は岩である

海上保安庁図誌利用 第150025号

2 基準の水面

（1）水深

　最低水面（これ以上、下がることはないと考えられる水面）からの深さをメートルで示します。したがって、実際の水深のほうが、通常、海図に記載されている水深よりもいくらか深くなります。

（2）物標の高さ

　平均水面（潮汐の干満がないと仮定した水面）上の高さをメートルで示します。ただし、干出の高さは最低水面からの高さ、橋の高さは最高水面（これ以上、上がることはないと考えられる水面）からの高さとなります。

（3）海岸線

　最高水面における海と陸との境界です。

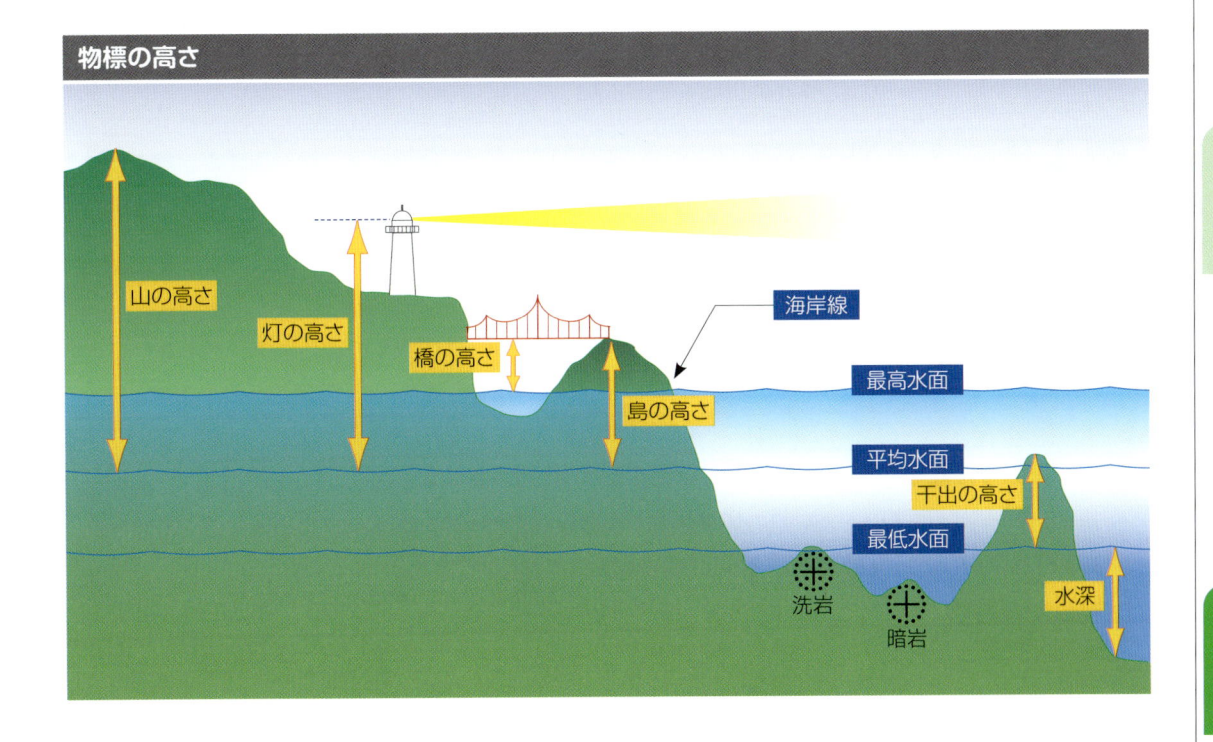

物標の高さ

山の高さ　灯の高さ　橋の高さ　海岸線　島の高さ　最高水面　平均水面　干出の高さ　最低水面　洗岩　暗岩　水深

3 距離や速力の測定

（1）距離の測定

海図上での距離の単位は「海里（シーマイル）」です。1海里は1,852メートルに相当します。

1海里は、地球の緯度1分に相当します。海図上で距離を測る場合は、緯度尺（海図の縦の目盛り）で読み取ります。

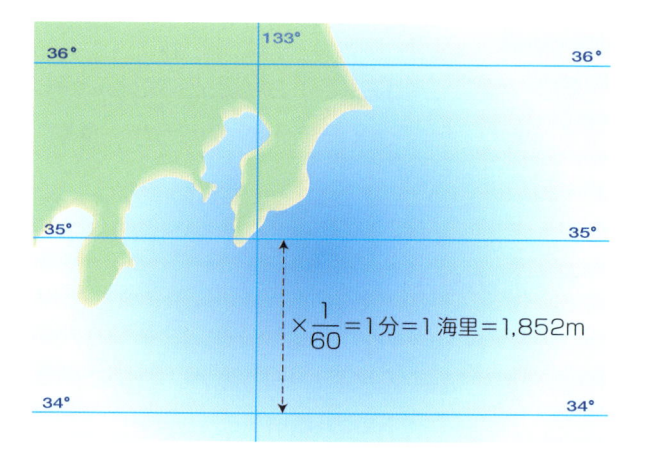

$$\times \frac{1}{60} = 1分 = 1海里 = 1,852m$$

（2）速力の測定

船の速力は、一般にノット（kt）で表します。1ノットは1時間に1海里航行する速力をいいます。

ノットを時速に換算すると、 1ノット＝1.852km/h≒2km/h
ですから、時速（km/h）に換算するには2倍弱と覚えておくとよいでしょう。

例題

（問）30ノットは、時速何キロメートルか。

30ノットとは、1時間に30海里航行する速力のことです。
そこで、1海里は1.852キロメートルなので、
　30海里×1.852キロメートル＝55.56キロメートル　になります。

（答）時速約56キロメートル

（問）2海里の距離を40ノットの速力で航走すると、何分かかるか。

距離（海里）＝速力（ノット）×時間の関係があります。したがって、時間を求める場合は、時間＝距離÷速力となるので、これを問題に当てはめると次のようになります。
　時間＝2海里÷40ノット＝0.05時間　時間を分に換算するため60分を掛けると、
　0.05時間×60分＝3分

（答）3分

第4課 | 点検・保守

【4-1】 発航前の点検

　水上オートバイは、水上でトラブルが生じた場合に、構造上、自力で解決することが非常に困難です。操縦前に十分な点検を行うことで、思いがけない事故をあらかじめ防ぐことができます。

　操縦前には次のような点検を必ず行いましょう。

1 | エンジンの点検

　マリンエンジンは、陸上で使用される自動車エンジンに比べ、きびしい状況で使用されるため、発航前の点検は不可欠です。

1	エンジンルームの換気	シートとシート下の物入れを取り外し、エンジンルーム内の換気を行う。
2	ビルジの確認	ビルジがたまっていないか、あれば油分が混じっていないかを確認。
3	燃料の確認	タンク内の燃料の残量を確認。
4	燃料タンクキャップの確認	燃料タンクキャップを少し開け、圧力を逃がすとともにキャップのパッキンの状態を確認する。
5	燃料コックの点検	燃料コックを開ける（ONの位置にする）。
6	燃料フィルターの確認	燃料フィルターにゴミがたまっていないかを確認。
7	エンジンオイルの確認	エンジンオイルの量、汚れや粘度を確認。漏れがないかも点検。2ストローク（分離給油方式）は、エンジンオイルの残量を確認し必要に応じて補給。
8	バッテリーの確認	バッテリー液が規定量あるか、ターミナルが緩んでいないか、確実に取り付けられているかを確認。

9	緊急エンジン停止コード（エンジンストップコード）の確認	緊急エンジン停止コードの損傷の有無を確認。
10	水分離器の確認	分離器内に水がたまっていないかを確認。
11	冷却水の確認	間接冷却方式の場合、リザーブタンク内に冷却清水が規定量あるかを確認。

2　法定備品の点検

定められた法定備品が搭載されていることを確認します。

（1）小型船舶用救命胴衣又は小型船舶用浮力補助具

定員と同数（法定備品として搭載可能なもの）。笛がないものは、水上オートバイ側に笛などの音響信号器具が必要。

（2）小型船舶用信号紅炎　1セット（2個入り）

航行区域が川のみに限定されているものは不要。
携帯電話（航行区域がサービスエリア内、防水機能付き等の条件がある）等の有効な無線設備を備えるものは不要。

（3）係船索（ロープ）　1本

3　艇体の点検

艇体各部に航行の支障になるような損傷がないかどうかを確認するとともに、各部が円滑に作動するかを確認します。

1	ハル、デッキの確認	外板に傷や破損がないかを確認。
2	ハンドルの確認	ハンドルにガタがないか、左右いっぱいに動かしたとき、スムーズに動くかを確認。また、ハンドルの動きに合わせてステアリングノズルの方向が変わることも確認。

3	スロットルレバーの確認	スロットルレバーを数回操作し、スムーズに作動するかを確認。
4	シフトレバーの確認	リバースゲートのある機種は、シフトとリバースゲートが連動してスムーズに作動するか、またリバースゲートの停止位置は正常かを確認。
5	後進システムの確認	レバーを数回操作し、スムーズに作動するかを確認。
6	ジェットインテークの確認	海藻やゴミなどの異物が絡んでいないかを確認。
7	ジェットノズルの確認	ノズル内に海藻やゴミなどの異物が絡んでいないかを確認。
8	ドレンプラグの確認	確実に締めてあるかを点検。
9	シート、ハッチの確認	確実にロックされているかを確認。

4 エンジンの始動及び停止

（1）陸上でのエンジンの始動及び停止

水上オートバイは、水上に降ろす前に、必ずエンジンの始動、運転、停止を確認します。

1 緊急エンジン停止スイッチに緊急エンジン停止コードをセット。

（注）2ストロークエンジンでチョークレバーの装備された機種の場合、エンジンが冷えているときはレバーをいっぱいに引き出してからスタートボタンを押す。始動したらレバーは必ず戻す。

2 スタートボタンを押して始動。

3 エンジンが始動したら軽く空ぶかしして、エンジン音、異常振動等を確認する。スロットルレバーから手を離したときアイドリングに戻るかどうかを確認する。ただし、エンジンやジェットポンプに冷却水を通さないで運転するため、回転を上げたり長時間運転するとエンジンやジェットポンプを傷めるので、確認のための運転は短時間で終了させる。

4 エンジンを停止させる。停止方法は2通りある。通常のストップボタンを押して停止させる方法と、緊急エンジン停止コードを引き抜いて停止させる方法。どちらの方法でも停止することを必ず確認する。

点検して問題がなければ、水上に降ろし、再度エンジンを始動します。始動の手順は同じですが、以下の点に気を付けます。

（2）水上でのエンジンの始動

1 ジェットインテークに砂などが付着している場合があるので、艇体を左右にゆすって落とす。特に砂浜から降ろして、水上で始動する場合は必ず行う。

2 緊急エンジン停止コードを必ず身体の一部に取り付けてから始動。シフトレバーの付いている機種は、シフトを中立又は後進の位置にする。

3 ジェットポンプはエンジンに直結されているため、エンジンを始動すると同時に推進力が発生するので、ハンドルはしっかり持っておく。

4 始動後、冷却水点検孔がある場合は、水が排出されていることを確認。

【4-2】 使用後の手入れ

　操縦前に点検することはもちろん大切ですが、水上オートバイは、操縦後の格納点検が非常に大切です。しっかりした格納点検は、水上オートバイの寿命を延ばし、機関故障などの事故防止対策として非常に有効です。次回の操縦を楽しむためにも確実に行いましょう。

1　艇体及びエンジンの洗浄

1 艇体を清水で洗う。砂浜で使用した場合は、細かい砂が付着している場合がある。これらを十分に洗い流すとともに、傷や破損箇所がないかどうかを確認する。

2 ジェットインテークやジェットノズルにゴミや海藻などが付着していないかどうかを確認する。

エンジンの冷却水系統を清水で洗浄する。機種によって方法が若干異なるが、基本的には、①洗水口（洗浄用冷却水注入口）に水道ホースをつなぐ。②先にエンジンを始動した後、清水を注入する。③塩分が抜けるまで数分間エンジンを回す。④清水の注入を止め、数回空ぶかしを行い、冷却水系統に残った水を排出した後、エンジンを停止する。

3

4 船尾のドレンプラグを開放し、艇内にたまっているビルジを排出する。抜けにくい場合は、水上オートバイの船首部を少し持ち上げ、確実に排出する。

5 エンジン本体にも海水が付着しているので、拭き取るか、支障のない範囲で清水を掛けて洗浄する。その後、乾いた布で水分を十分に拭き取る。

6 燃料とエンジンオイルを確認し、減っていたら給油しておく。

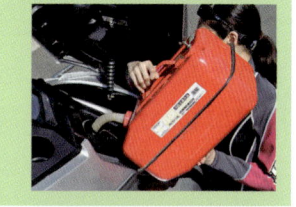

7 燃料コックを閉じ、長期保管の場合は、バッテリーターミナルを取りはずしておく。

8 艇体にワックスをかけ、シートなどのビニールやゴム部分に専用の保護剤を塗っておく。太陽の熱や紫外線から艇体を守ることで、色あせや劣化を防げる。

9 室内で保管する場合は、シートを少しずらして通気を良くしておく。

2 防錆処理

　水上オートバイには、金属部分が多くあり、水洗いだけだと錆が発生する場合があります。防錆剤を使って錆を防ぐとともに、潤滑剤を使って可動部が固着することを防ぎます。ただし、金属部分以外にはこれらを掛けないように注意しましょう。

（1）エンジンや金属部分に防錆潤滑剤をスプレーしておきます。
（2）ハンドルの付け根やスロットルレバーあるいはステアリングノズルなどの可動部にも、忘れずにスプレーしておきましょう。

3 備品の整備

　ライフジャケットなどの備品も清水で洗って塩分を落とし、十分に乾燥させておきましょう。損傷がないかどうかも確認しておき、次回使えないということがないようにしましょう。

4 日頃の整備、消耗部品の交換

　水上オートバイは、定期的に点検や整備をする必要があります。各艇に付属の取扱説明書をよく読み、自分でできるものは、必ず行うようにしましょう。特に消耗部品は、定期的に交換しましょう。まだ使えそうだからと交換をためらうと、エンジントラブルの原因になったりします。早めに交換するよう心掛けましょう。

【4-3】 機関故障の原因及び対策

水上オートバイのエンジンの簡単なトラブルは、自分で解決できる能力を持っておくことも必要です。何かトラブルが発生したとき、その原因を突き止め、復旧できる手段を知っておきましょう。

1 エンジンが始動しない

スターターモーターが動かない	電気がきていないことを疑ってみる

緊急エンジン停止コードが外れている	➡	緊急エンジン停止コードを取り付けるか、一度抜いてから再度取り付ける
ターミナルの接続不良	➡	確実に締める（工具を使って確実に）
バッテリーが上がっているか電圧が弱い	➡	充電するか、ブースターケーブルを使って他の船のバッテリーで始動

取扱説明書を見て分からなければ専門家に相談

スターターモーターは動くが始動しない。始動するがすぐに止まる	燃料が必要量供給されていないか、あるいは過供給であることを疑ってみる

燃料が少ないか入っていない	➡	燃料を補給する
燃料フィルターが詰まっている	➡	掃除してゴミや水分を取り除く
燃料タンク内に圧力が掛かっている	➡	燃料タンクキャップを一度外して圧力を逃がす
点火プラグに燃料がかぶった	➡	キャブレター仕様のものはスロットルを全開にして再始動するか、点火プラグを外して乾かしてから再始動する

取扱説明書を見て分からなければ専門家に相談

2　エンジンの回転が不安定

エンジンの回転が不安定	点火プラグの異常か、燃料の異常を疑ってみる
プラグキャップが緩んでいる	キャップやコネクターを確実に締め付ける
点火プラグの汚れや摩耗でスパークが弱い	点火プラグを確認し、清掃するか交換する
エンジンオイルの吐出量が多くてプラグが汚れている（2ストローク・分離給油方式）	オイルポンプの吐出量が正常でないことを疑ってみる（専門家に相談するほうがよい）
混合気が正常でない	キャブレターセッティングの再調整（専門家に相談）、燃料系統の詰まりなどの点検

取扱説明書を見て分からなければ専門家に相談

3　スロットルを開けてもスピードが出ない

スピードが出ない	点火プラグの異常か、燃料の異常を疑ってみる。オーバーヒートしていないか確認する
ジェットインテークやジェットポンプ内に海藻やゴミが詰まっている	エンジンを止めて（場合によっては意図的に転覆させて）取り除く
特に悪いところはないようだがなんとなくスピードがでない	燃料やエンジンオイルに水の混入がないかどうかを確認
オーバーヒート（警告灯が点灯したり、ブザーが鳴った。焦げ臭いにおいがした）	スロットルレバーを戻し、アイドリング回転にして様子を見る。原因が特定できる場合以外は、エンジンをすぐに止めないこと
スロットルの開度と回転数が連動しない	スロットルコントロールケーブルの再調整（本格的な調整は専門家に相談）
冷却系統の詰まり、エンジンオイルのタイプが不適	目視で確認できなければ専門家に相談

取扱説明書を見て分からなければ専門家に相談

4　バッテリーが上がってしまった

　通常航行中にバッテリーが上がってしまう（電圧が低下して使用不能になってしまう）ことはあまりありません。バッテリーのターミナルが緩んでいて充電されていなかったり、エンジンの始動停止を繰り返した場合など、充電量より使用量が上回ってしまった場合に上がってしまうことがあります。

バッテリーが上がった	航行中は、自力で復旧することはまず不可能
アンカーなどを打って移動しないような措置を取る	なるべく早く救助を要請

5　異物を吸い込んでしまった

　ジェットインテークやインペラなどに海藻やゴミが詰まると、エンジンの回転を上げても推進力は上昇しません。このまま運転を続けるとエンジンのオーバーヒートや焼付きの原因となります。

航行中に艇体下部から異常な物音や振動があった	ジェットポンプなどにゴミが詰まったり、絡まったりしている可能性がある
エンジンを止め、陸揚げするか、転覆させて点検	ジェットインテークやジェットポンプを確認し、詰まりを取り除く

　転覆したり、波をかぶるような運転を続けたりすると、エンジンルームに水が入ってきます。エンジンルームに水が入っていることが分かっても、できるだけエンジンルームを開けないようにしましょう。

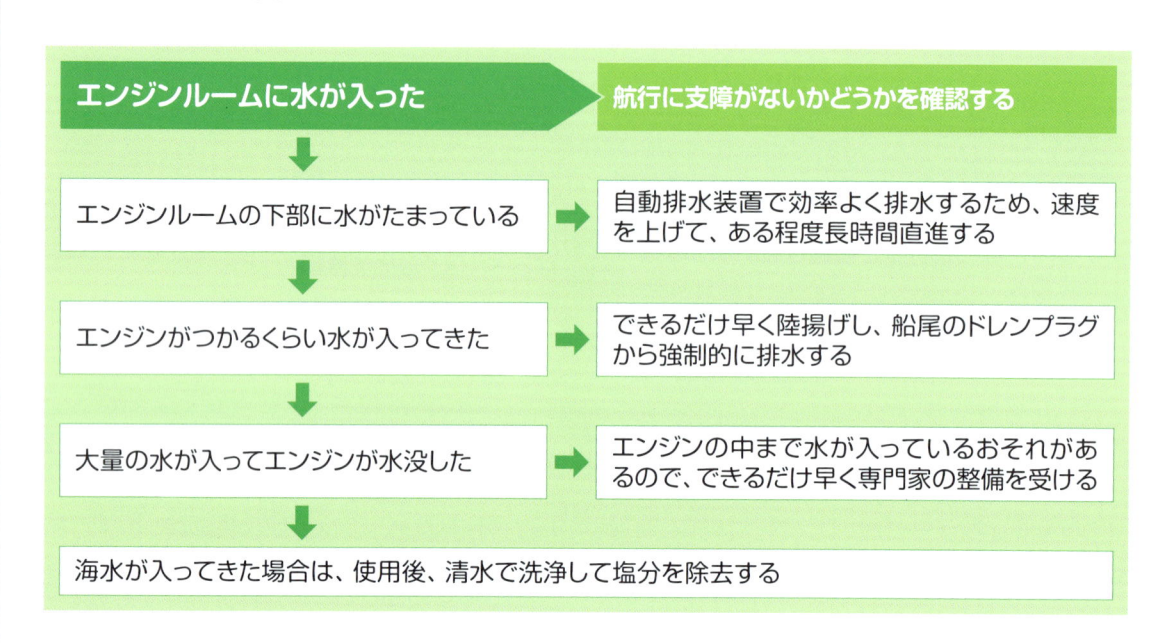

第5課　気象・海象の基礎知識

　水上オートバイが航行する陸岸付近は、陸上と海上の両方の影響を受けて、気象・海象の変化が激しいところです。水上オートバイを楽しもうとする日の気象状況や、地域特有の海象などは、あらかじめ調べておきましょう。また、出航後も天候や海面の状態に絶えず気を配り、自然を相手にしている、ということを忘れないようにしましょう。

【5-1】 天気一般の基礎知識

1 風

（1）気圧と風

① 風は気圧の高いところから低いところに向かう大気の流れです。気圧の差が大きかったり、同じ気圧差でも2地点間の距離が短いと強い風が吹きます。

② 天気図で、等圧線（同じ気圧を結んだ線）の間隔の狭いところは風が強く、間隔が広いところは風が弱く吹きます。

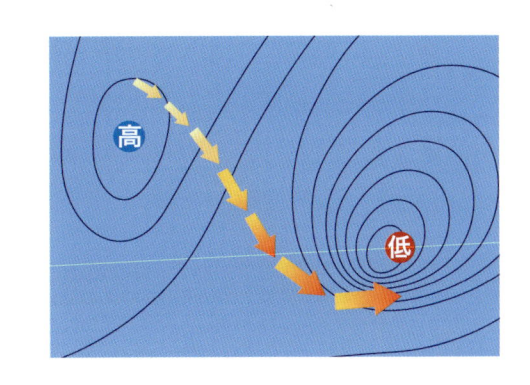

③ 周りに比べて相対的に気圧が高いところを高圧部といい、その中で等圧線の閉じたところを高気圧といいます。北半球では、高気圧から時計回りに風が吹き出します。中心部では下降気流が発生します。

④ 周りに比べて相対的に気圧が低いところを低圧部といい、その中で等圧線の閉じたところを低気圧といいます。北半球では、低気圧に向かって、反時計回りに風が吹き込みます。中心部では上昇気流が発生します。

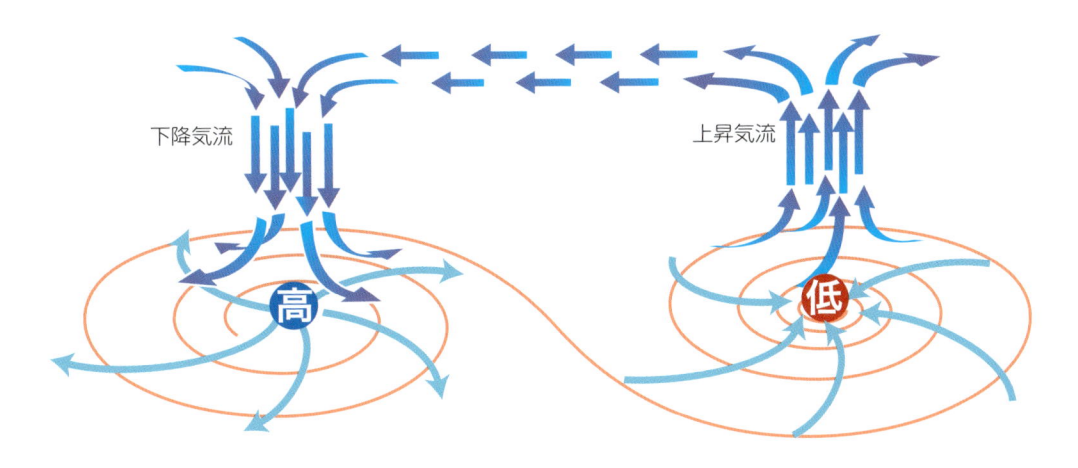

（2）風向と風速・風力

① 風の吹いてくる方向を「風向」といいます。北から南に吹く風の風向は「北」です。

② 風速は観測時前10分間の平均風速のことで、単位はメートル毎秒（m/s）です。風速はあくまでも平均値であるため、より強く吹くことがあります。

③ 風力は、気象庁（ビューフォート）風力階級により0から12までの13階級で表します。

(3) 気温と風

① 気圧は、気温によって変わります。大気は冷やされると縮んで重くなり気圧が上がります。逆に暖められると膨らんで軽くなり気圧が下がります。暖められた地域に向かって風が吹きます。

② 夏は強い日差しによって、海上より陸上が先に暖められ、陸上の気圧が下がって海から風が吹きます。これを「海風」といいます。逆に日が落ちると、冷めにくい海水より陸上の気温が先に下がり、気温の高い海上に向かって陸から風が吹きます。これを「陸風」といいます。この2つを総称して「海陸風」といいます。

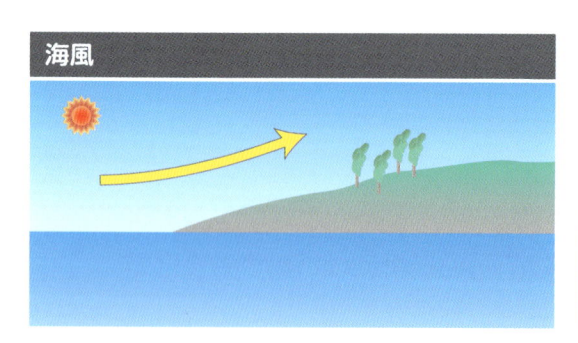
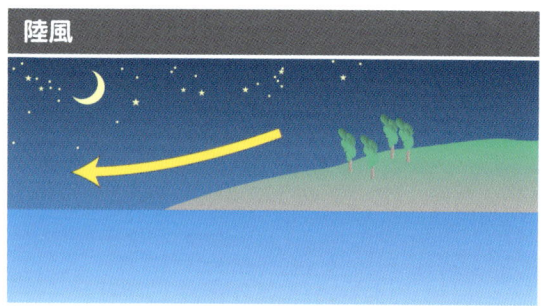

(4) 突風

突風は、文字通り突然激しく吹く風をいいます。発達した積雲や積乱雲の下や低気圧に伴う寒冷前線付近では、強い雨や雷とともに突風が発生することがあります。

(5) 地形と風

① 山と山の間の谷を流れてくる風は、周りより強く吹いています。このように地形の影響を受けて、その土地特有に吹く風を「局地風」といいます。

② 一般に山脈の風下側のふもとや、特に地峡の出口で強い傾向があります。

③ 日本国内には、局地風がよく吹くところがあって、土地固有の名称で呼ばれています。

④ 山から吹き下ろした風は、海岸付近ではあまり強くなくても、沖に行くほど強くなります。

⑤ 局地風は、現地ではよく知られた風なので、地元の漁師さんに聞くなどして、操縦する前に必ず調べておきましょう。

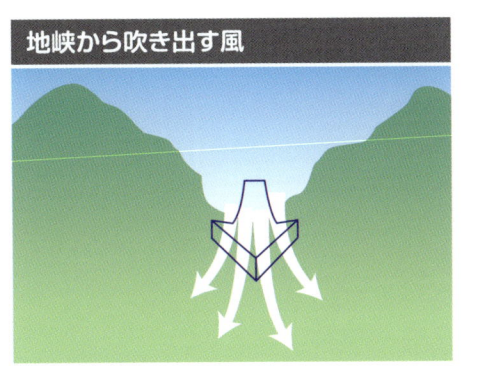

地峡から吹き出す風

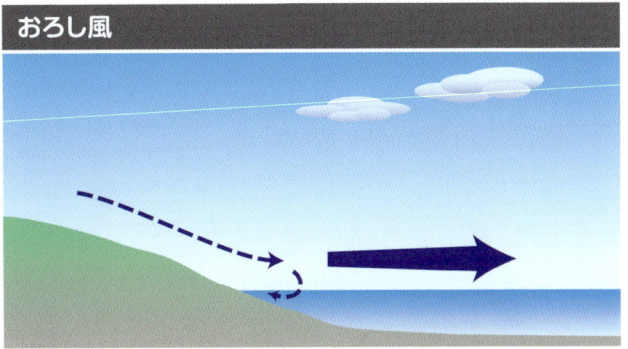

おろし風

（6）季節風

季節によってその時期特有の風向を持つ風が吹きます。日本付近では、夏季の南寄りの風、冬季の北西の風がよく知られています。

2 波

（1）風浪とうねり

① 波が作られる要因はいろいろありますが、ほとんどが風によって発生します。その場所に吹く風によって作られた波を「風浪」といい、波が発生地点から遠くに伝わってきたものを「うねり」といいます。風浪とうねりを合わせて「波浪」と呼びます。

② 風浪の進行方向は、風の吹く方向とほぼ一致しますが、うねりの進行方向は必ずしも風の方向とは一致しません。

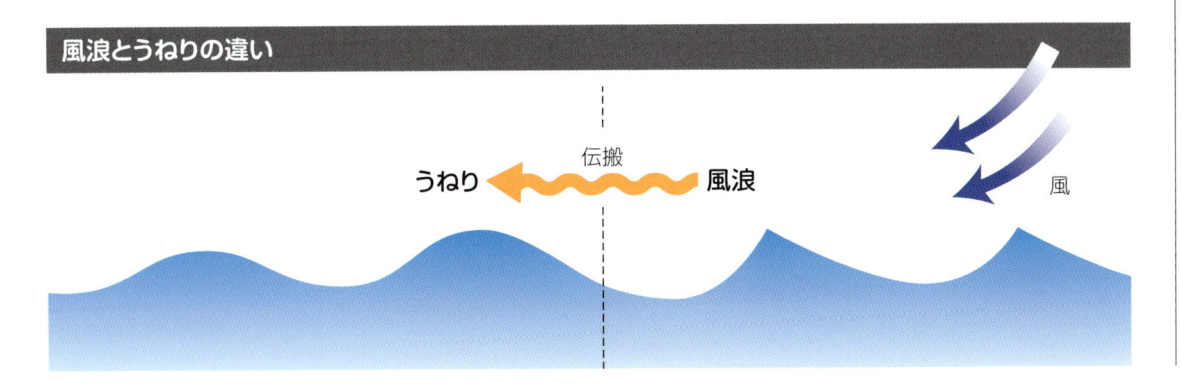

風浪とうねりの違い

うねり　伝搬　風浪　風

(2) 波に対する注意

① 海岸では、打ち寄せた波が左右に分かれて陸岸に平行に流れます。左右からこの流れがぶつかると、行き場がなくなり、沖に向かう流れが生じます。これを、離岸流（リップカレント）といいます。この流れはかなり速く、注意が必要です。

② 離岸流は幅が狭いため、もし、乗ってしまったら、岸に向かうのではなく、横方向（岸と平行）に向かうことで、流れから離れることができます。

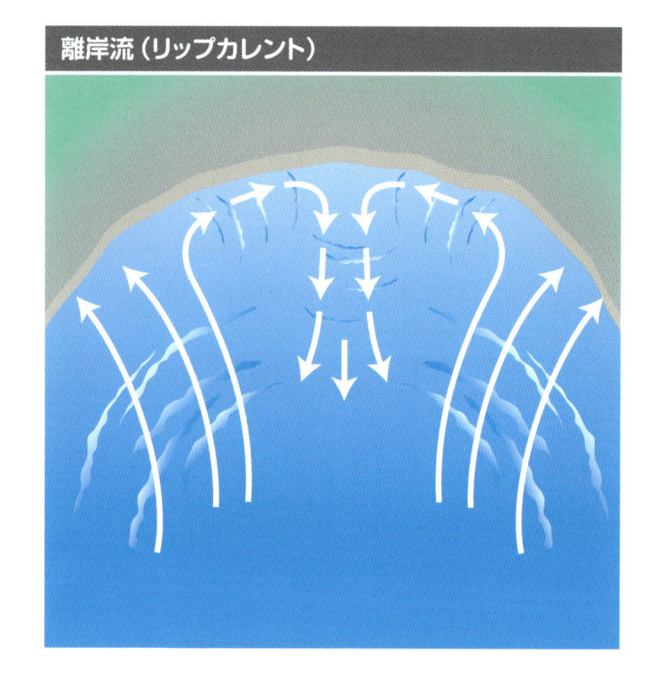

離岸流（リップカレント）

③ 「土用波」は、台風によるうねりです。穏やかな海でも突然大波が発生するので、南方海上に台風が発生したら注意が必要です。

④ うねりに陸からの風が吹いて風浪が立つと、不規則な三角波が発生するので注意が必要です。

⑤ 風が強い場合、風が長い時間吹いている場合、あるいは風が吹いている距離が長い場合には、波も高くなります。

⑥ 水深が浅くなるところ、特に急に浅くなるところでは、大きな波が立つので注意が必要です。

⑦ 波は規則正しく到来せず、低い波が続いているようでも、急に2倍以上の高い波が発生することがあります。

⑧ 波の大きさは高さと水平距離で表し、波の山と谷の高さの差を「波高」、波の山から次の山までの水平距離を「波長」といいます。

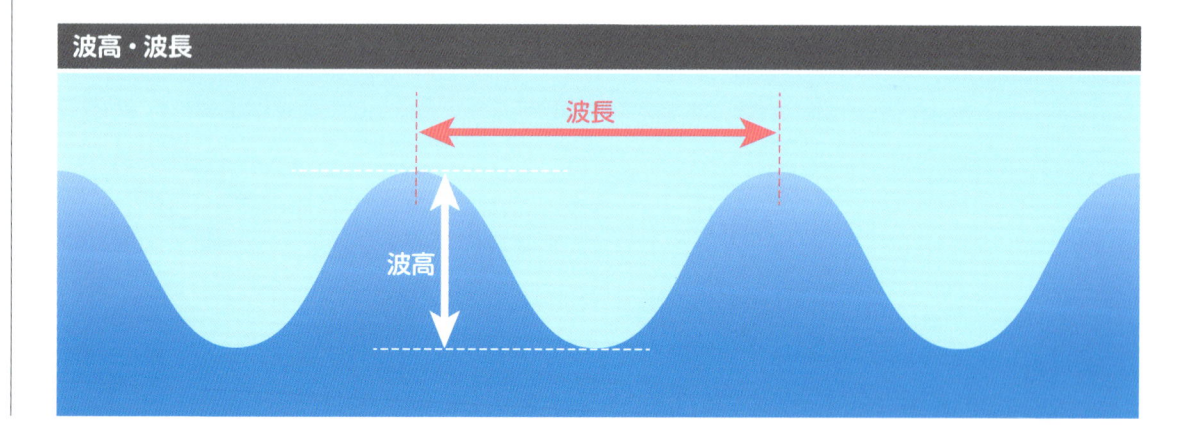

波高・波長

3 天気図

（1）天気図の記号

天気図（地上天気図）には、天気、風向、風力や高気圧、低気圧、前線の位置及び等圧線などが記載されています。

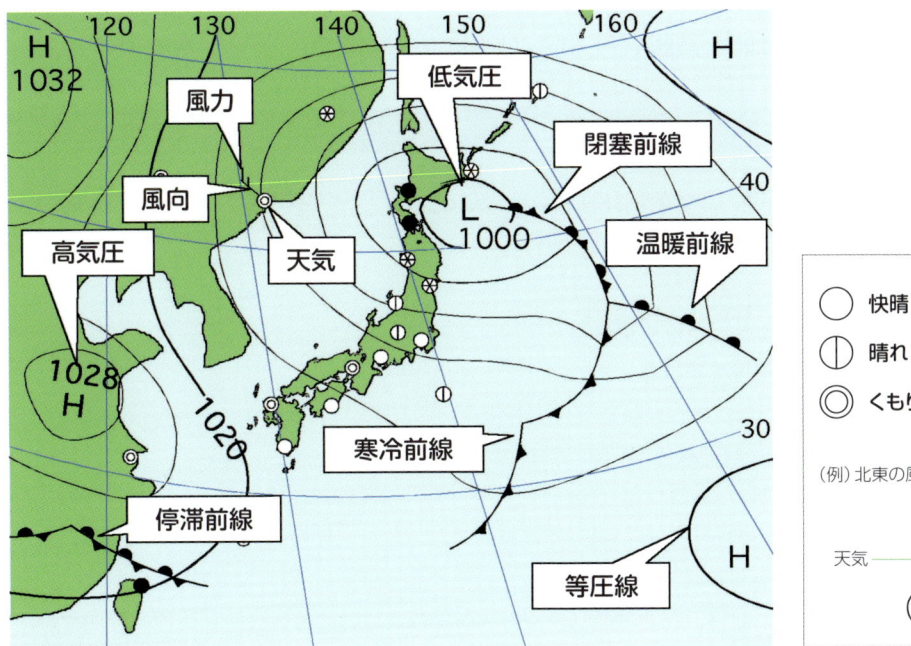

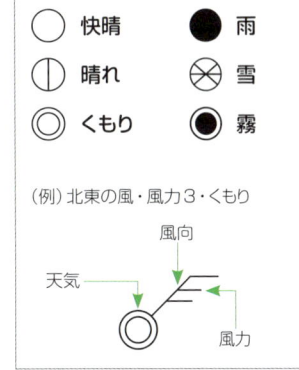

（2）前線

前線は、異なる性質の気団（空気の塊）が接するとき、その境界面が地表と接するところをいいます。

① **寒冷前線**

突風や雷を伴い短時間に強い雨が降ります。通過後は南寄りの風が西または北寄りの風に変わって気温が下がります。

② **温暖前線**

弱い雨がしとしとと降ります。通過後は南寄りの風に変わって気温が上がります。

③ **閉塞前線**

寒冷前線が温暖前線に追いついた前線です。

④ **停滞前線**

気団同士の勢力が変わらないため、ほぼ同じ位置にとどまっている前線です。長雨をもたらす梅雨前線などがこれにあたります。

4 気象情報の入手

(1) テレビ、ラジオ、新聞等の天気予報
(2) 気象庁の天気予報「市外局番＋177番」
(3) インターネットの各種のウェブサイト
(4) NHKの気象通報、漁業気象通報
(5) 海上保安庁による船舶気象通報（テレホンサービス、MICS）

観天望気

観天望気とは、朝焼けや夕焼け、日がさや山の上の笠雲など、雲行きや空模様を見て天候を判断することで、狭い地域の天気を予測するのに役立ちます。

[観天望気の例]
① いわし雲が西の空からでると天気はくずれる
② 山頂に笠雲がかかると天気はくずれる
③ 西の空に雷雲（積乱雲）が現れたらやがて突風が来る
④ 東の空の朝焼けや朝の虹は雨になる

【5-2】 潮汐及び潮流

1 潮汐の基礎知識

潮汐とは、月と太陽の引力作用により、海面が周期的に上下する現象をいいます。

(1) 海面の高さが最高になったときを満潮（高潮）、最低になったときを干潮（低潮）といいます。
(2) 満潮から干潮に向かうときを下げ潮、干潮から満潮に向かうときを上げ潮といいます。
(3) 満月や新月のころは、大潮といって満潮と干潮の水位の差（潮差）が最も大きく、半月のころは、小潮といって潮差が最も小さくなります。
(4) 通常は1日に2回の満潮と2回の干潮がありますが、場所や時期によって1回のときもあります。約6時間ごとに満潮と干潮を繰り返しますが、周期は6時間強なので、毎日少しずつ時間がずれていきます。
(5) 満潮や干潮になる時刻（潮時）やその時の海面の高さ（潮高）は、地域によって異なります。新聞の気象欄や、海上保安庁のウェブサイトなどで確認できます。

2 潮流の基礎知識

潮汐に伴う海水の周期的な流れを潮流といいます。

(1) 満潮に伴う流れを上げ潮流といい、外洋から内湾や海岸に向かう流れになります。また、干潮に伴う流れを下げ潮流といい、外洋に向かう流れになります。

(2) 流向は、風向とは逆に、流れていく方向で表します。表記は同じでも向きが逆なので注意しましょう。

(3) 海峡や狭い水道などでは、潮流が非常に速いところがあるので、通過するときは潮流の弱い時機に航行しましょう。

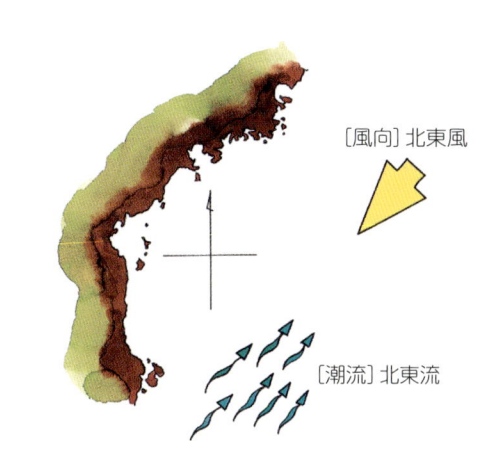

[風向] 北東風

[潮流] 北東流

3 潮汐や潮流に対する注意

河口付近では、潮汐の影響を大きく受けます。満潮のときは上がってきた潮と川の流れがぶつかって、三角波などの複雑な波が発生することがあります。また、満潮時は航行できたところも、干潮時は干上がって航行できなくなることがあります。

河口付近や海岸で乗る場合には、必ず潮汐を調べておきましょう。

満潮

干潮

第6課　事故対策

【6-1】事故防止及び事故発生時における処置

1　衝突事故

　衝突事故を防止するには、接近する船を早く見つけ、衝突するおそれのある状態にならないようにすることが重要です。

　衝突事故の原因の大半は見張り不十分です。高速航行中は、速度が上がれば上がるほど視野が狭くなり、前方しか見えなくなりがちですから、操縦中は、意識して全周にわたる見張りをするようにしましょう。

（1）衝突したらただちにエンジンを止めて、落水者がいないか、人命に異常がないか、艇体の損傷や浸水がないかを調べます。

（2）人命の救助に努め、負傷者がいたら手当てを行います。

（3）航行不能な場合は、ただちに救助を求めます。信号紅炎や、携帯電話などあらゆる手段を使って助けを求め、救助を待ちます。

（4）人命に異常がなく、双方とも航行できる場合は、衝突時の時刻や衝突した位置、あるいは気象状況を確認し、お互いの住所、氏名、連絡先などを確認します。

（5）衝突してボートの船体に食い込んでいる場合、艇体を引き離すと破口から一気に浸水する場合があります。

2　乗揚げ事故

　乗揚げ事故を防止するには、まず事前に航行する水域の水深、岩礁や浅瀬の存在、当日の潮汐を調べておき、乗揚げの危険があるところへは近寄らないことが重要です。特に比較的水深の浅いところを航行できる水上オートバイは、水さえあればどこでも走れると過信しがちなので、水の色や波の立ち方をよく見て走らなければなりません。

（1）乗り揚げたら、まず、エンジンを止めて、艇体の損傷や浸水の有無を調べます。たとえ後進機能が付いていても、いきなり後進して引き離してはいけません。

(2) 損傷が小さく、航行に支障がなければ、手で押して水深があるほうへ移動させます。

(3) 外傷はなくても艇体が損傷している場合があるので、できるだけ早めに帰港し、損傷部分を確認しましょう。

(4) 自力で航行できない場合は、ただちに救助を求めます。

3 機関故障（運航不能）

　航行中にエンジンや推進装置が故障する原因の大半は、出航前に点検を行わなかったために起こっています。水上オートバイは、モーターボートのエンジンに比べ、きびしい条件にさらされていることが多く、またゴミなどを吸い込みやすいので注意が必要です。出航前に十分な点検をすることで、事故の発生をあらかじめ防ぐことができます。

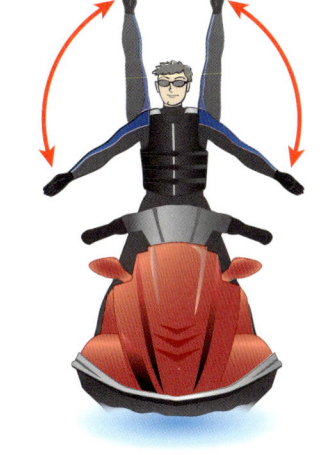

遭難信号（救助の要請）

(1) 航行中に異常を感じたら、まずスロットルレバーを戻し、異常の原因を調べます。

(2) 状況に応じてエンジンを止めますが、単独で航行している場合は、航行不能になる場合があるので、注意が必要です。

(3) 自力で修理できない場合は、引き返すか、早めに救助を要請しましょう。

(4) エンジンルームを開けると浸水の危険があるため、できるだけ開けないようにしましょう。

(5) エンジンが掛かっていなければ、非常に軽い艇体は、風や波に簡単に流されます。アンカーを打ったり、艇体につなげたロープに何かをくくりつけて流すなどして、できるだけ移動しないようにしましょう。

【6-2】人命救助、救命設備の取扱い

1 人命救助

（1）救助手順

① **風向や川などの流向を考慮しながら接近します。**

　流れの上手から接近する場合、接近はしやすいのですが、流れが強いと、エンジンを止めた場合に、惰性が強く残ってしまうことがあります。流れの下手から接近する場合、流れが強いと、エンジンを止めて推進力がなくなったとたんに船首が下流側に落

とされてしまいます。したがって、状況に応じて接近する方向は変わってきます。外力の影響が少ない場合は、どの方向からいってもかまいません。

② **要救助者に対しては、できるだけ素早く接近します。**
特に外力の影響がない場合は、最短距離で接近します。ただし、引き波が立つので、そのことも考慮しなければなりません。ある程度接近したら、進路が維持できる最低の速力で接近します。流れなどで進路が乱される場合は、ハンドルを切り、瞬間的にスロットルを開けて修正します。

③ **状況に応じてエンジンを停止します。**
エンジンが掛かったままだとジェット噴流が身体に当たったり、ジェットインテークから着衣が吸い込まれたりして、要救助者がけがをする場合があります。しかし、エンジンの停止は、あまり早すぎると要救助者まで届かず、遅すぎると惰性が強く残って危険です。

④ **救助する際は、操縦者が手を出して救助します。**
どちら側の舷からでもかまいませんが、緊急エンジン停止コードが外れないように注意しましょう。
※状況によってはエンジンを掛けたまま低速で接近し、推進力を保ったまま要救助者の手をつかんで引き上げます。

⑤ **バランスを取りながら救助することが大切です。**
救助する際に、片舷に体重を掛けると転覆する危険があります。そのようなときには要救助者を船尾側に導き、後ろから収容します。

⑥ **見張りを怠らないようにしましょう。**
要救助者を発見すると、そちらに気を取られて周囲の見張りがおろそかになりがちです。接近する場合も、救助するときも、見張りを怠らないようにしましょう。

（2）救助後の措置

　できるだけ早く陸上に向かいましょう。また、携帯電話などでマリーナや医療機関に連絡を取り、上陸地点で医師や救急車に待機してもらうなどの措置を取りましょう。

2　救命設備の取扱い

（1）ライフジャケット

①　体にあった大きさのものを選びましょう。

②　身体にできるだけ密着させるようにバックルをはめ、ベルトやひもをしっかり締めましょう。

③　水上オートバイの操縦に適した、専用のライフジャケット（法定備品として搭載可能なもの）を使用しましょう。

（2）信号紅炎（こうえん）

①　事故発生時に救助を求めるために使用するものです。

②　マッチのようにすり合わせて点火すると、紅色の炎を1分以上発します。

③　信号紅炎の代わりに、携帯電話を積むことができますが、この場合はJCIの確認が必要で、さらに航行区域がサービスエリア内であることなどの条件があります。

信号紅炎

防水パック

※携帯電話は、通信手段としても有効なので、防水パックに入れるなどして携行しましょう。

実技 に関する科目

第1章

小型船舶の取扱い

第1課　発航前の準備及び点検

【1-1】発航前の準備

　水上は陸上よりもきびしい自然環境にあり、安全を確保するためには慎重な行動をモットーにしなければなりません。決して無理をせず、すべてにおいて安全を優先させる心構えが必要です。

1　服装

　水上オートバイは、常に身体が外気にさらされ、その影響を強く受けます。また、転覆して、水中に落ちることもあります。水上オートバイに乗る際には、これらのことを考慮して服装を選ぶ必要があります。

（1）必ずライフジャケットを着用しましょう。

　体型にあったライフジャケット（法定備品として搭載可能なものかラベルなどで必ず確認）を着用することが必要です。体に密着させるように、バックルをはめ、ベルトやひもを締めます。

(2) 衝撃吸収効果のある素肌の露出が少ないものを着用しましょう。

転覆時の衝撃やケガあるいは直射日光等に備えてウエットスーツやドライスーツなどを着用しましょう。特にジェットノズルの近くで強い噴流による水圧を受けた場合、下半身開口部（膣や肛門）に水が入り負傷するおそれがあります。通常の水着では下半身開口部を十分に保護できないので、身体に合ったウエットスーツパンツ（ボトム）等を必ず着用しましょう。また、ウエットスーツは体温を保ち体力の消耗を防いでくれます。

(3) マリンシューズ等の靴を履きましょう。

裸足やかかとの固定できないようなサンダルでは危険です。水面下の危険物から足を保護するために、マリンシューズ等の靴を履きましょう。滑りにくくなり、ふんばりもききます。

(4) 手袋を着用しましょう。

航行中は引き波などによりハンドルにかなり大きな衝撃が加わることがあります。しっかりとハンドルを握るためにも手袋を着用しましょう。手袋は、手の保護にも役立ちます。

(5) ゴーグルやサングラスを掛けましょう。

航行中は、風や水しぶきがかかってきます。また、水面に近いため、太陽の反射光により水面が見づらくなったり目を痛めたりします。目を保護するためにも、ゴーグルやサングラスを掛けましょう。

(6) 同乗者にも、上記と同じものを着用させましょう。

同乗者にも操縦者と同じようなものを着用させましょう。子供を同乗させるときに、大人のものを流用するのはやめましょう。

2　気象情報の収集

　事前に必ず気象・海象の情報を調べましょう。事故の多くは、気象・海象情報を収集しなかったことが原因で起こっています。また、気象や海象の特性を理解しないで、無理をしてしまうことも事故を起こす原因にあげられます。天候が悪い場合は、いさぎよく操縦をあきらめることが大切です。

(1) 警報や注意報が出ているときには、決して無理をしてはいけません。
(2) 天気は、地域性のあるものです。テレビや新聞などの広域の情報だけでなく、これから向かう水域のマリーナやマリンショップあるいは漁協などに問い合わせることも必要です。
(3) 実習を行う日の気象・海象情報は必ず調べておきましょう。

3　ローカルルールの確認

　水上オートバイはどこでも操縦できるというわけではありません。操縦する水域については、必ず、事前によく調べておくことが大切です。

(1) 各都道府県や市町村では、条例により、航行区域を規制したり、速度規制を設けている場合があります。乗り入れそのものが禁止されている場合もあります。
(2) 条例がなくても、ある特定の水域で独自にルールを決めている場合があります。
(3) 水域の情報は、地元に問い合わせるのが一番です。管区海上保安本部やマリーナ、マリンショップ、あるいは漁協などに問い合わせましょう。インターネットを使ってもいろいろな地域情報が収集できます。
(4) 実習（試験）を行う水域のローカルルールは必ず調べておきましょう。

【1-2】発航前の点検

　水上では陸上からの支援を受けることが容易ではありません。点検のミスが思いもよらぬ事故につながることがあるので、発航前の点検をおろそかにしてはいけません。点検にあたっては、その最終責任者は皆さん自身であることを十分に自覚し、必要最小限の事項は確実に点検しましょう。

1　エンジンの点検

　マリンエンジンは、陸上で使用される自動車エンジンに比べ、きびしい状況で使用されるため、事故防止のために発航前の点検は不可欠です。

1　エンジンルームの換気

シートとシート下の物入れを取り外し、エンジンルーム内の換気を行います。燃料の気化ガスがなくなるように、数分間そのままの状態にします。

2　ビルジの確認

ビルジがたまっていないか、あれば油分が混じっていないかどうかを確認します。たまっている場合はドレンプラグを開放し、艇体を傾けて排出した後、確実にドレンプラグを締めます。

3　燃料の確認

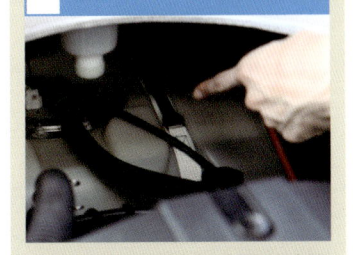

タンク内の燃料の残量を確認し、必要に応じて補給します。計器だけでなくタンクの外からも必ず確認します。

4　燃料タンクキャップの確認

燃料タンクキャップを少し開け、圧力を逃がすとともにキャップのパッキンの状態を確認します。

5　エンジンオイルの確認

エンジンオイルの量や汚れ、あるいは粘度を確認します。2ストローク（分離給油方式）の場合は、エンジンオイルの残量を確認し必要に応じて補給します。

6　バッテリーの確認

バッテリー液が規定量あるか、ターミナルが緩んでいないか、確実に取り付けられていることを確認します。

7 緊急エンジン停止コードの確認

緊急エンジン停止コードの損傷の有無を確認します。

その他

水分離器の確認

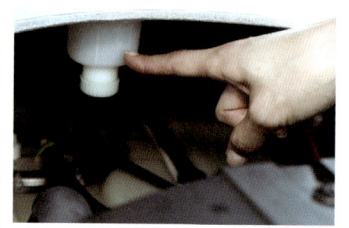

分離器内に水がたまっていないかどうかを確認します。たまっている場合は、確実に排出します。

冷却水の確認

間接冷却方式の場合は、冷却水が適量あることを確認します。

2 法定備品及び法定書類の点検

　法令によって義務付けられている備品が搭載され、これらに損傷や不具合、数量不足、有効期限切れがないことを点検します。

1 小型船舶用救命胴衣又は小型船舶用浮力補助具

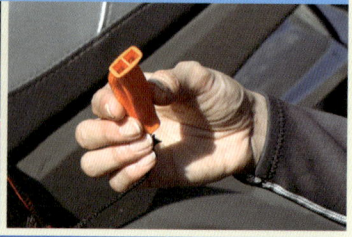

定員と同数（笛が装備されていないものは、水上オートバイ側に笛等の音響信号器具が必要）

ライフジャケットは必要数があるか、本体に損傷はないか、バックルやひもに不具合はないかどうかを確認します。笛は破損していないか、音が鳴ることを確認します。

2 小型船舶用信号紅炎（こうえん）

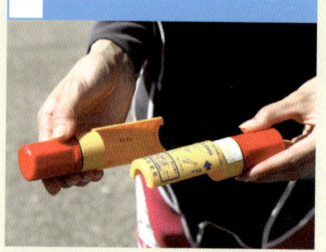

1 セット（2 個入り）

必要数があるか、有効期限が切れていないことを確認します。

3 係船索（ロープ）

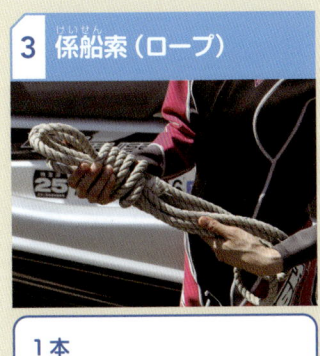

1本

必要数があるか、不具合がないことを確認します。

4 船舶検査証書

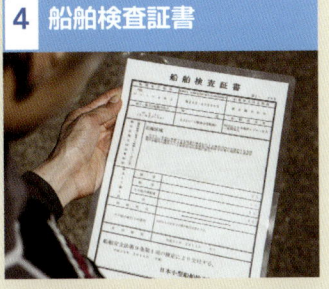

有効期限が切れていないかを確認するとともに、船舶検査済票と照らし合わせてその艇のものであることを確認します。

5 船舶検査手帳

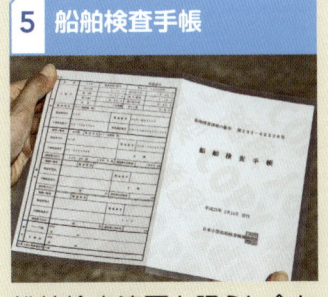

船舶検査済票と照らし合わせてその艇のものであることを確認します。

6 船舶検査済票・船舶番号

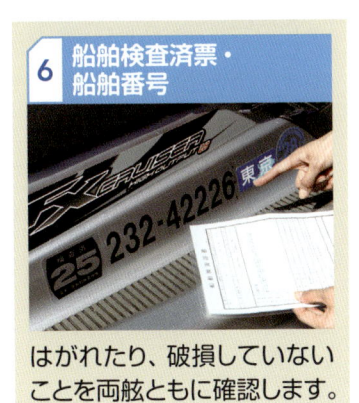

はがれたり、破損していないことを両舷ともに確認します。

3 艇体の点検

　艇体の点検では、艇体の内外部に破損箇所がないことを、操縦装置や推進機構に異常がないことを点検します。

1 ハル、デッキの確認

外板に傷や破損がないことを確認します。

2 ハンドルの確認

ハンドルにガタがないか、左右いっぱいに動かしたとき、スムーズに動くことを確認します。また、ハンドルの動きに合わせてステアリングノズルの方向が変わることも確認します。

3 スロットルレバーの確認

スロットルレバーを数回操作し、スムーズに作動することを確認します。

4 シフトの確認

シフト機構のある機種は、シフトレバーとリバースゲートが連動してスムーズに作動すること、またリバースゲートの停止位置は正常であることを確認します。

5 ジェットインテークの確認

海藻やゴミなどの異物が絡んでいないかを確認します。異物が詰まっていると、ジェットポンプが破損したり、オーバーヒートの原因になったりするので、確実に取り除きます。

6 ジェットノズルの確認

ノズル内に海藻やゴミなどの異物が絡んでいないことを確認します。

7 ドレンプラグの確認

確実に締めてあることを確認します。

8 シート、ハッチの確認

確実にロックされていることを確認します。

9 後進システムの確認

後進システムのレバーを数回操作し、スムーズに作動することを確認します。

【1-3】エンジンの始動及び停止

水上オートバイは、水上に降ろす前に、必ずエンジンの始動、運転、停止を確認しますが、実習（試験）では、すでに降りている水上オートバイで、以下の手順で行います。

緊急エンジン停止コードをライフジャケットや手首などの身体の一部に取り付けた後、もう一端のプレートなどを緊急エンジン停止スイッチに差し込みます。

ジェットインテークに砂などが付着している場合があるので、艇体を前後左右にゆすって落とします。特に砂浜等で始動する場合は必ず行いましょう。

始動前には、水深が十分か、遊泳者又は浮遊物がないことを確認します。

ジェットポンプはエンジンに直結されているため、エンジンを始動すると同時に推進力が発生します。ハンドルをしっかり持っておきます。シフトレバーが装備されている機種では、レバーを中立または後進の位置にしておきます。同乗者や周囲の安全を確認します。

スタートボタンを押して、エンジンを始動します。冷却水点検孔があるものは、点検孔から排水されていることを確認します。

ストップボタンを押してエンジンを停止します。緊急エンジン停止スイッチからプレートなどを引き抜くことにより、エンジンが停止することも併せて確認します。停止後、緊急エンジン停止コードは必ず外しておきます。

水上オートバイを係留したり、他船を曳航したりする時に、ロープワークは欠かすことができません。素早く確実に結べるように練習しておきましょう。

1 ボーラインノット（もやい結び）

確実に結べて、簡単に解ける応用範囲の広い結び方です。リングに結ぶ、ロープ同士をつなぐ、桟橋の杭に縛る等々いろいろな場面で使用できます。

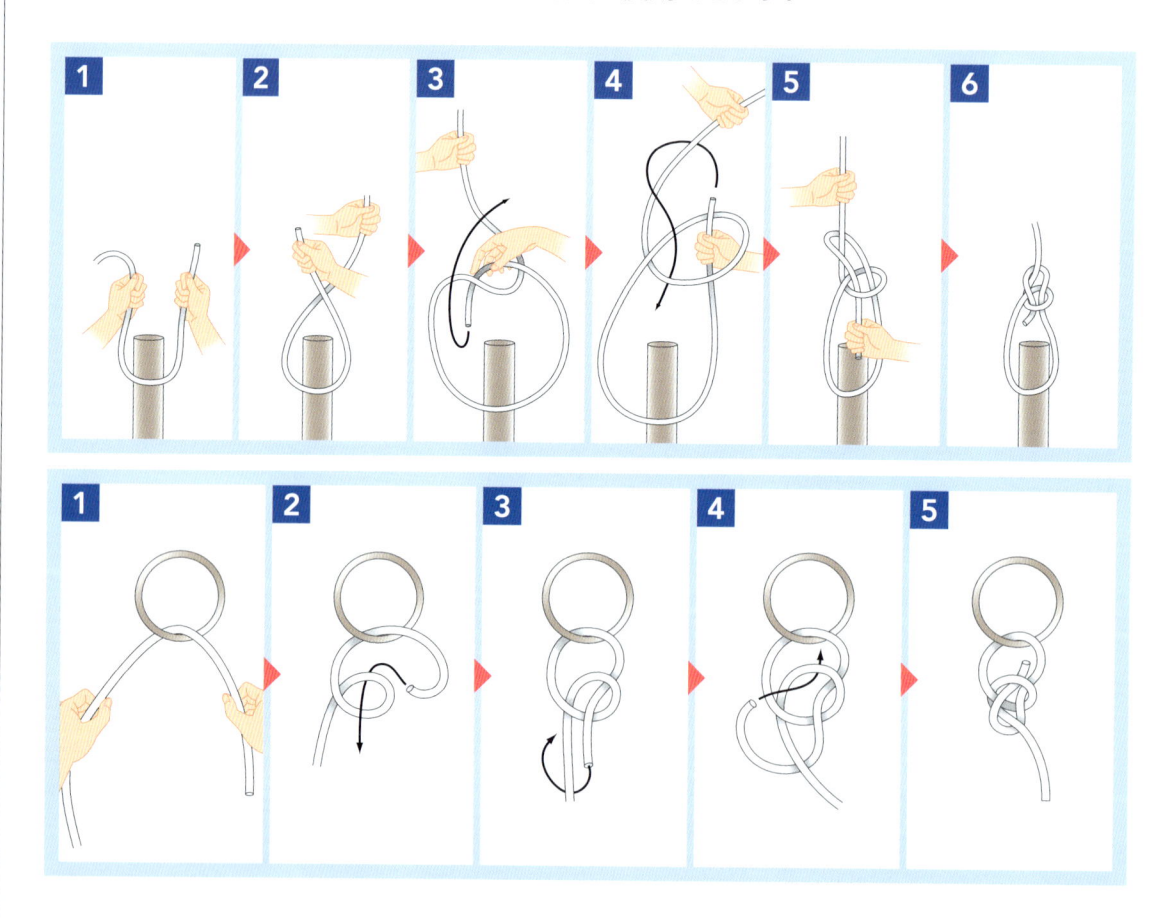

2 クラブヒッチ（巻き結び）

杭などの棒状のものに結ぶ場合に使用します。かなり強固に結べますが、濡れたり、締まりすぎると解けなくなるおそれがあるので、注意が必要です。

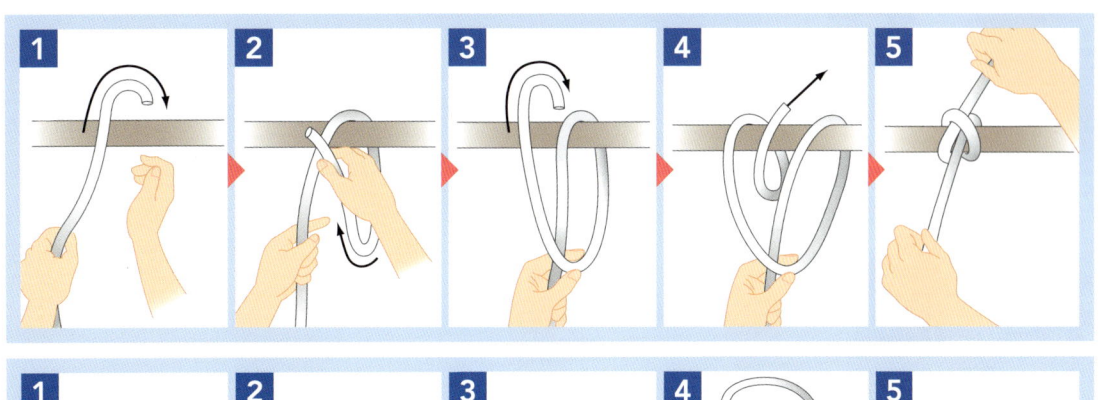

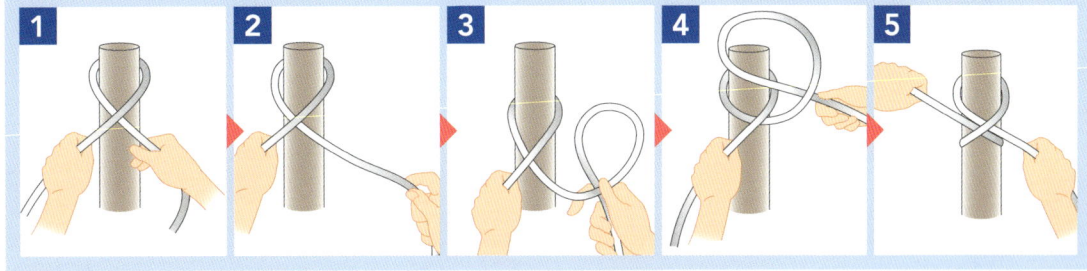

3　シングルシートベンド（ひとえつなぎ）

　ロープの端と端をつなぎあわせる場合に使用します。簡単に結べて、解きたいときには すぐに解けます。

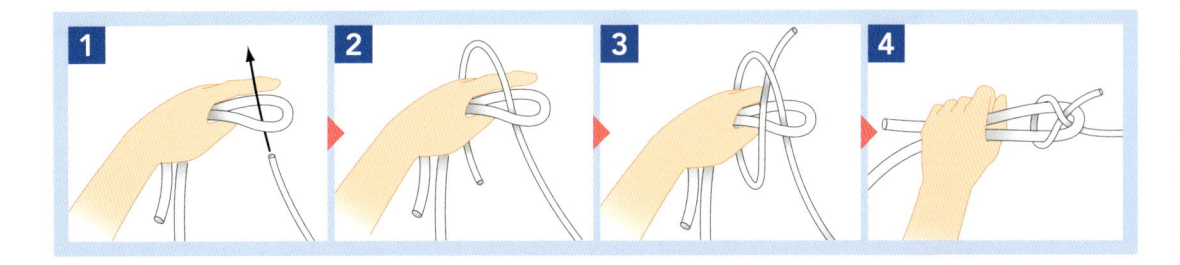

4　クリート止め

　クリートにロープを止めるときに使用します。最後にロープを反転する方向に注意しま しょう。

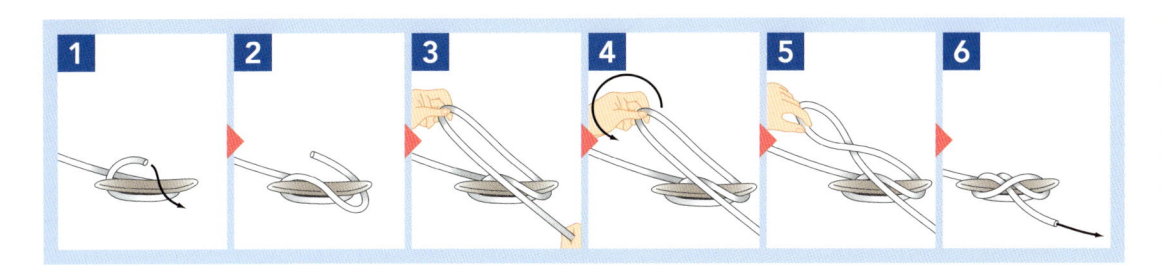

第2章

操　縦

第1課　安全確認

　　水上オートバイは、水上ではあくまでも船であり、操縦者は船長としての自覚を持って航行しなければなりません。周りの水域利用者の状況をよく確認するようにしましょう。

1　見張り・安全確認

　水上では、360度あらゆる方向から他の船舶が接近してきます。したがって、前方だけではなく、絶えず周囲をよく確認しながら操縦しなければなりません。水上オートバイは高速で航走するので、どうしても視野が狭くなりがちで注意が必要です。サイドミラーが付いている機種もありますが、これに頼らず、必ず身体をひねって目で確認する習慣を付けましょう。

発進時

航行中

停船時

旋回時

2 周囲の状況に応じた航行

　水上は、多種多様な人々が共通して使用する場所です。周りの水域利用者の状況を良く理解して航行しなければなりません。

（1）相手の状況を考えて速力を調整しましょう。

　遊泳者がいる場合、手こぎボートのそばを通過する場合、あるいは操業中の漁船がいる場合は、迂回するか、やむを得ず近くを通過する場合には、なるべく速度を落とし、引き波を立てないようにしましょう。

（2）同行している他船に注意しましょう。

　モーターボートや水上オートバイといっしょに走る場合は、相手の動きをよく見ながら航行しなければなりません。特に水上オートバイ同士では、先行する者が転覆するなどしたときに、対処できるだけの間隔を空けて航行することが大切です。先行する者も、常に同行する者を監視していなければなりません。

（3）他船の引き波に注意しましょう。

　船の引き波を越えるときにジャンプすると着水時に顔面を打ちつけるなどの大けがの原因となるので、引き波には注意して航行しましょう。

同行者に注意を払いながら走行

引き波に注意して走行

発進・直進・停止

1 発進

　発進する際は、周囲の安全をよく確かめてから発進します。同乗者がいる場合には、ひと声掛けておくとよいでしょう。

(1) エンジンが始動すると同時に、水上オートバイは動き出します。
(2) 両手でハンドルを握り、両足はフットレストに乗せておきます。
(3) 周囲の安全確認をし、同乗者がいる場合は、着座の状況を確認します。
(4) 急発進しないようにスロットルレバーの調整を行います。

2 直進

　直進は、あらゆる操縦の基本となるので、十分に練習しましょう。

(1) 微速航行中は、風や波、流れの影響を受けやすくなります。目標をできるだけ遠方に取り、視線は高くします。
(2) 肘を軽く曲げ、肩の力を抜きます。
(3) 内股でシートを軽く挟むように座ります。
(4) 周囲の安全確認をし、急加速を行わないように、なめらかに増速していきます。
(5) 低速直進中にふらついたら、スロットルを少し開けると艇体が安定して、保針しやすくなります。
(6) 直進中も周囲の見張りを怠らないようにしましょう。

微速

低速

中速

3 停止

　水上オートバイは基本的に水の抵抗を利用して減速します。練習を積んで、いろいろな場面での停止距離を知っておきましょう。

(1) 後方の安全を確認します。

(2) スロットルレバーを徐々に戻し、急停止を行わないように気をつけます。

(3) 水の抵抗によって、減速していきます。

(4) 停止距離には余裕をみておきましょう。

停止

後方よし

停止

着岸

(1) ハンドル操作とスロットル操作で着岸地点に微速で接近します。

(2) 後進機能がある水上オートバイは、着岸地点の直前でシフトを後進に入れ、艇体が桟橋と平行になるようにハンドルを操作して行き足がなくなったらエンジンを止めます。

(3) 後進機能がない機種は、着岸地点の手前で艇体と桟橋を平行にしてエンジンを止めます。エンジンを止めるタイミングが早いと着岸地点に届かない場合があり、また、タイミングが遅いと行き過ぎてしまったり、角度が悪いと桟橋に衝突してしまったりします。何度も練習し、微速でエンジンを停止した場合の停止距離を知っておくようにしましょう。

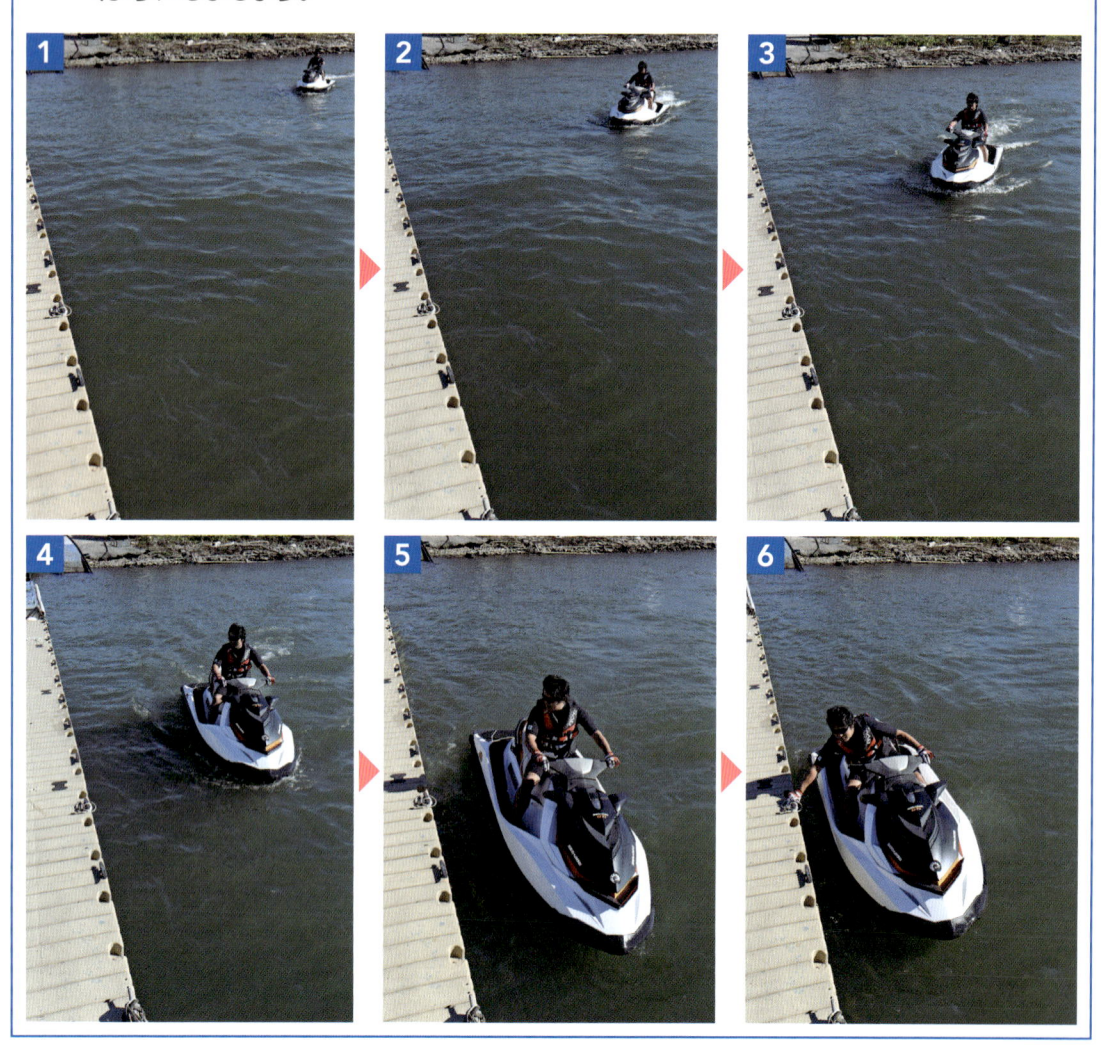

第3課　旋回・連続旋回

　航行中の水上オートバイは、ハンドル操作とスロットル操作によって旋回します。高速走行中にスロットルレバーを完全に戻してしまうと、ハンドルを切っても思い通りに旋回することができません。旋回にあたっては、ハンドル、スロットルの操作及び体重移動をバランスよく使用します。

1　微速での旋回

(1) 水上オートバイは、エンジンが掛かっている状態では、リバースゲートが中立あるいは後進位置にない限りスロットルレバーを完全に戻していても微弱ながら前進の推進力があります。

(2) アイドリング状態でハンドルを左右どちらかいっぱいに切ると、風や流れがなければほぼその場で旋回できます。

微速での旋回
1　2　3　4　5　6

※アイドリング状態での旋回径を知っておくと、着岸時や人命救助時の操船に役立ちます。

2　低速での旋回

(1) 旋回する前に、必ず旋回方向の安全確認をします。特に後方は、身体をひねって確認します。安全が確認できたらハンドルを旋回方向に切ります。

(2) 旋回時は水の抵抗で失速するので、旋回の後半で少しスロットルを開けると、滑らかな旋回ができます。

(3) 低速航行中は安定度が低いので、旋回方向に倒れそうになったら、スロットルを開けることでバランスが回復します。横波に注意しながら旋回しましょう。

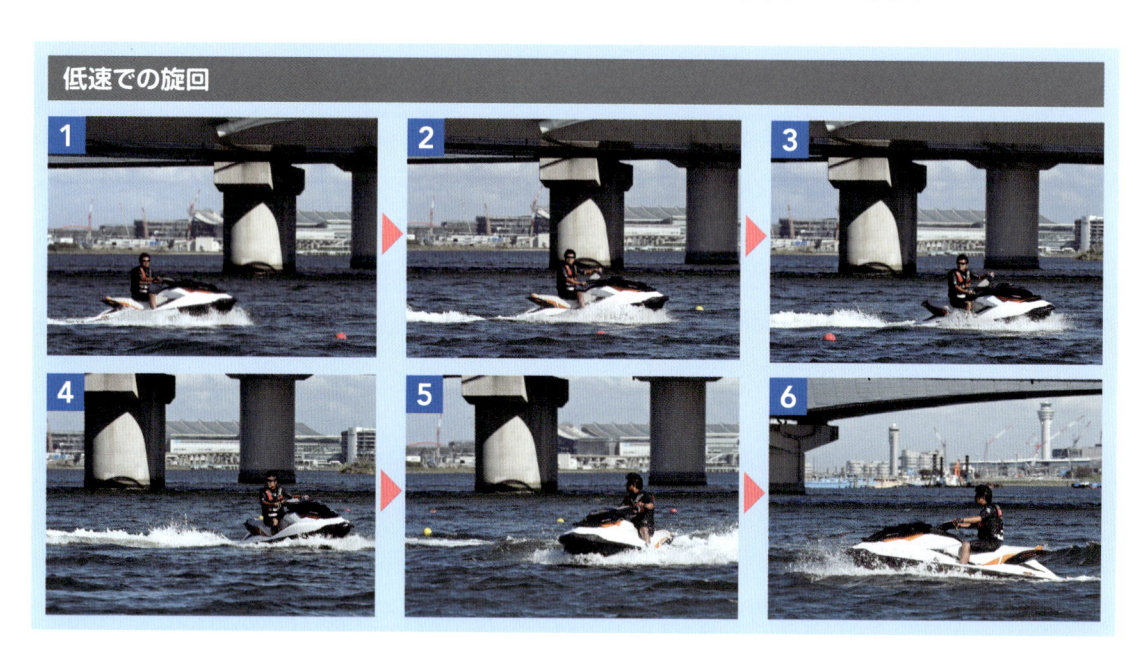

低速での旋回

3　中・高速での旋回

　低速時と同じように、旋回する前に必ず旋回方向の安全確認をします。速度が上がればそれだけ安全確認している間に長い距離を航走するので、安全確認は素早く、しかも確実に行うようにします。

(1) 旋回方向の安全確認をします。

(2) 旋回する前に必要に応じて少し速度を落とし、ハンドルを旋回方向に切ります。速力が上がればそれだけ遠心力で身体が外側に振り出されるので、速力に応じて旋回方向に体重を移動させます。

(3) 旋回しながら徐々にスロットルを開けることにより滑らかに旋回します。

(4) 大きく体重移動を行うほど、また、大きくスロットルを開けるほど小さな旋回径で曲がることができます。

(5) 視線は旋回する先に向けます。速力が上がるほど遠くを見るようにすると、ふらつきを抑えられます。

(6) 目的の方向に向く少し前から徐々にハンドルと体重を戻します。直進状態になると、艇体への水の抵抗が減り、旋回中より速力が上がるので、スロットルで調整します。

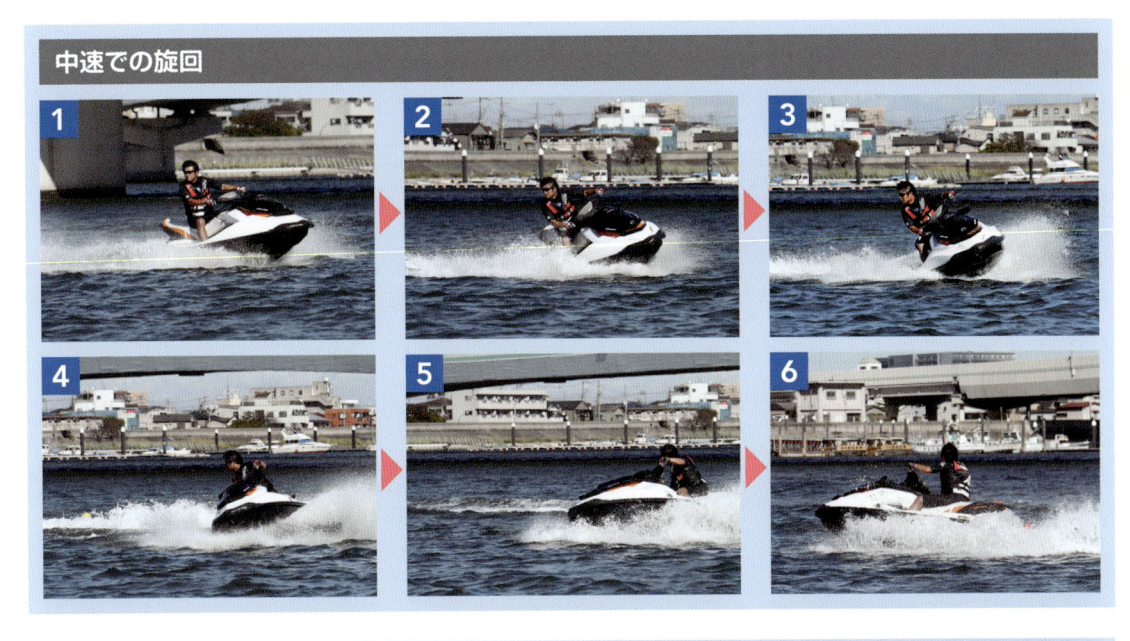

中速での旋回

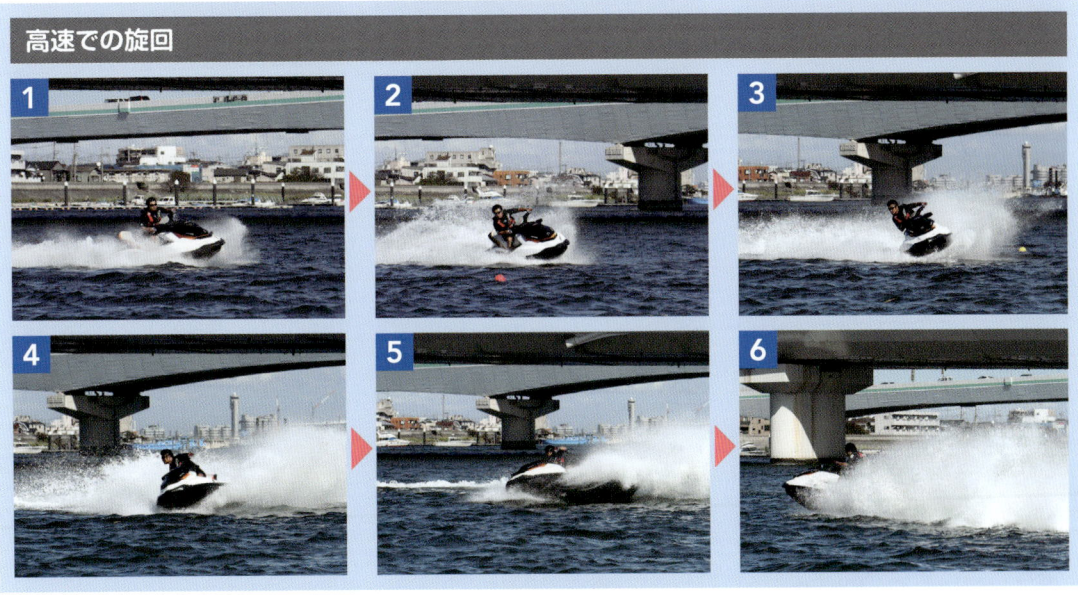

高速での旋回

　高速航行中に急旋回すると、水上オートバイがスピンして操縦者や同乗者が落水する場合があります。高速時の旋回は、旋回径を大きく取るか、適切な速度まで落として旋回しましょう。

4 単旋回

　15メートル間隔に設置された4つのブイを使い、一番外側のブイを中速で旋回します。

(1) ブイと平行に中速で航行します。
(2) ブイから5〜10メートル程度離れた地点を通過するようにします。
(3) 旋回する方向の安全を確認します。
(4) 旋回する前に速度を落とし、ハンドルを旋回する方向に向け、体重を移動します。
(5) 旋回しながら徐々にスロットルを開けると滑らかに旋回できます。
(6) 視線は旋回する先に向けます。
(7) 目標に向く少し手前から徐々にハンドルと体重を元に戻します。
(8) 直進状態になると艇体への水の抵抗が減り、旋回中より速力が上がるので、スロットルレバーで調整します。

136

5 8の字旋回

　15メートル間隔に設置された4つのブイを使い、8の字形に旋回する練習を行います。

(1) 発進後、4つのブイと平行に直進し、中速まで増速します。

(2) ブイからの距離は約10メートルで4つのブイの中間を通過するようにします。

(3) 8の字を描くように操縦し、左右の旋回径が等しくなるようにします。

(4) 視線を先々に向けて操縦します。

(5) ハンドル操作、スロットル操作、体重移動をスムーズに行います。

8の字旋回

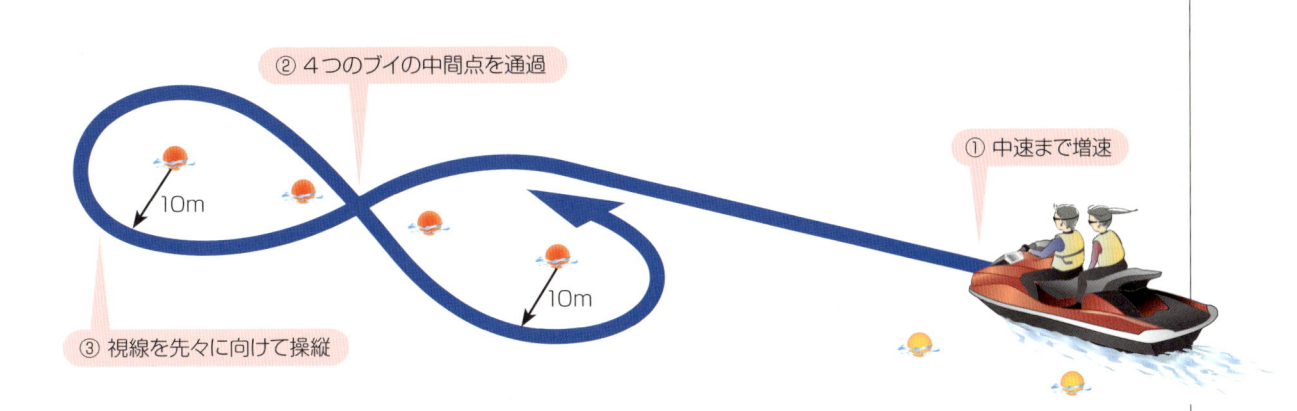

② 4つのブイの中間点を通過

① 中速まで増速

10m

10m

③ 視線を先々に向けて操縦

6　連続旋回（スラローム）

　15メートル間隔に設置された4つのブイを使い、左右の旋回を連続的に行います。旋回径は、8の字旋回に比べ小さくなるので、ブイに接触しないように注意しましょう。

(1) 発進後、4つのブイと平行に直進し、中速まで増速します。
(2) ブイからの距離は約 2～3メートルでブイとブイの中間を通過するように操縦します。
(3) 視線はできるだけ先々にもっていき、リズミカルな操縦を心掛けます。

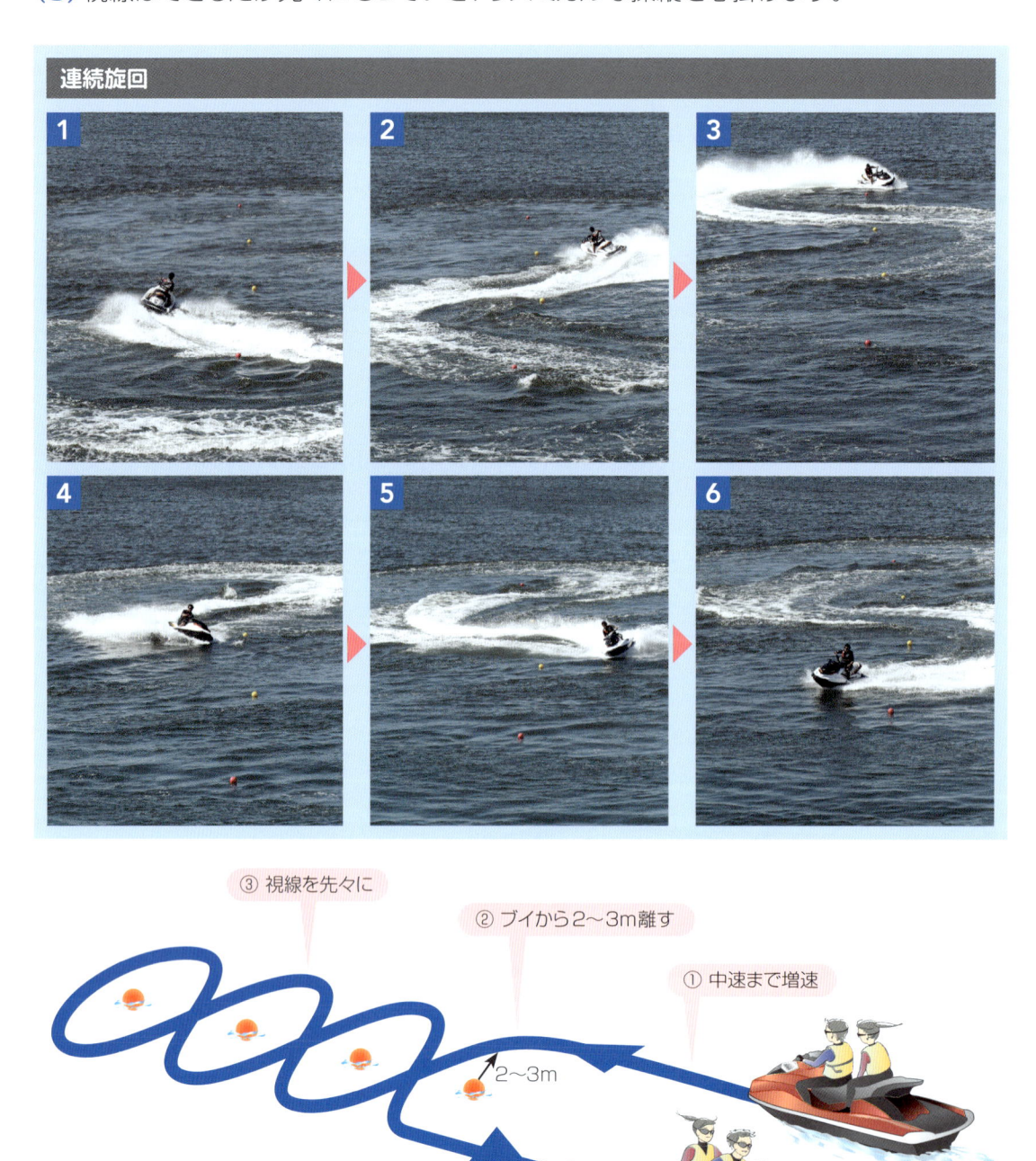

連続旋回

③ 視線を先々に
② ブイから2～3m離す
① 中速まで増速
2～3m

第4課 危険回避

　航行中、すぐ目の前に何かを発見した場合、ハンドル操作と同時にスロットルを大きく開けて急旋回しなければ回避できないことがあります。操縦するときには、いつも「危険は加速して回避する」ことを頭の片隅に入れておくとともに、とっさの場合に身体が反応するよう、何度も練習しておきましょう。

1　危険回避の方法

　約5メートル間隔で設置された2つのブイ（A、B）を危険回避用ブイとして使用します。ブイとの衝突を避けるように通過し、ハンドルとスロットル操作のタイミングを失わないように注意します。

（1）4つのブイとほぼ平行に航行し、4つ目のブイあたりで危険回避用ブイのうちBのブイに向けます。

（2）Aのブイの手前付近で、素早く旋回方向の安全を確認します。

（3）ハンドルを切ると同時に体重を移動し、スロットルを開けます。

（4）Bのブイとの衝突を避けるように、A、Bブイの間を通過します。

（5）通過後は、体重を戻して4つのブイとほぼ平行に直進します。

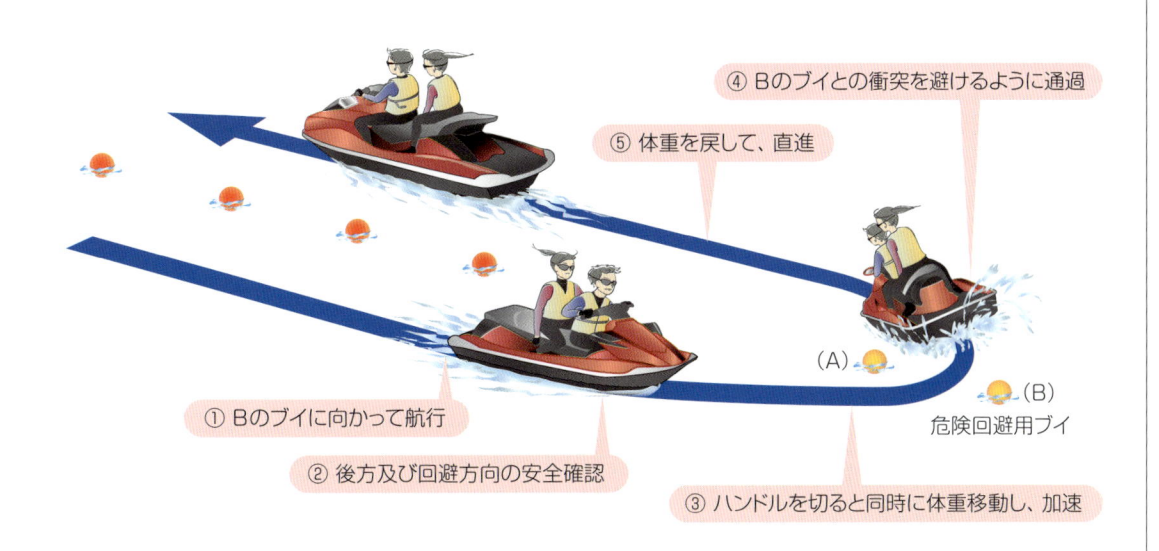

④ Bのブイとの衝突を避けるように通過

⑤ 体重を戻して、直進

（A）

（B）
危険回避用ブイ

① Bのブイに向かって航行

② 後方及び回避方向の安全確認

③ ハンドルを切ると同時に体重移動し、加速

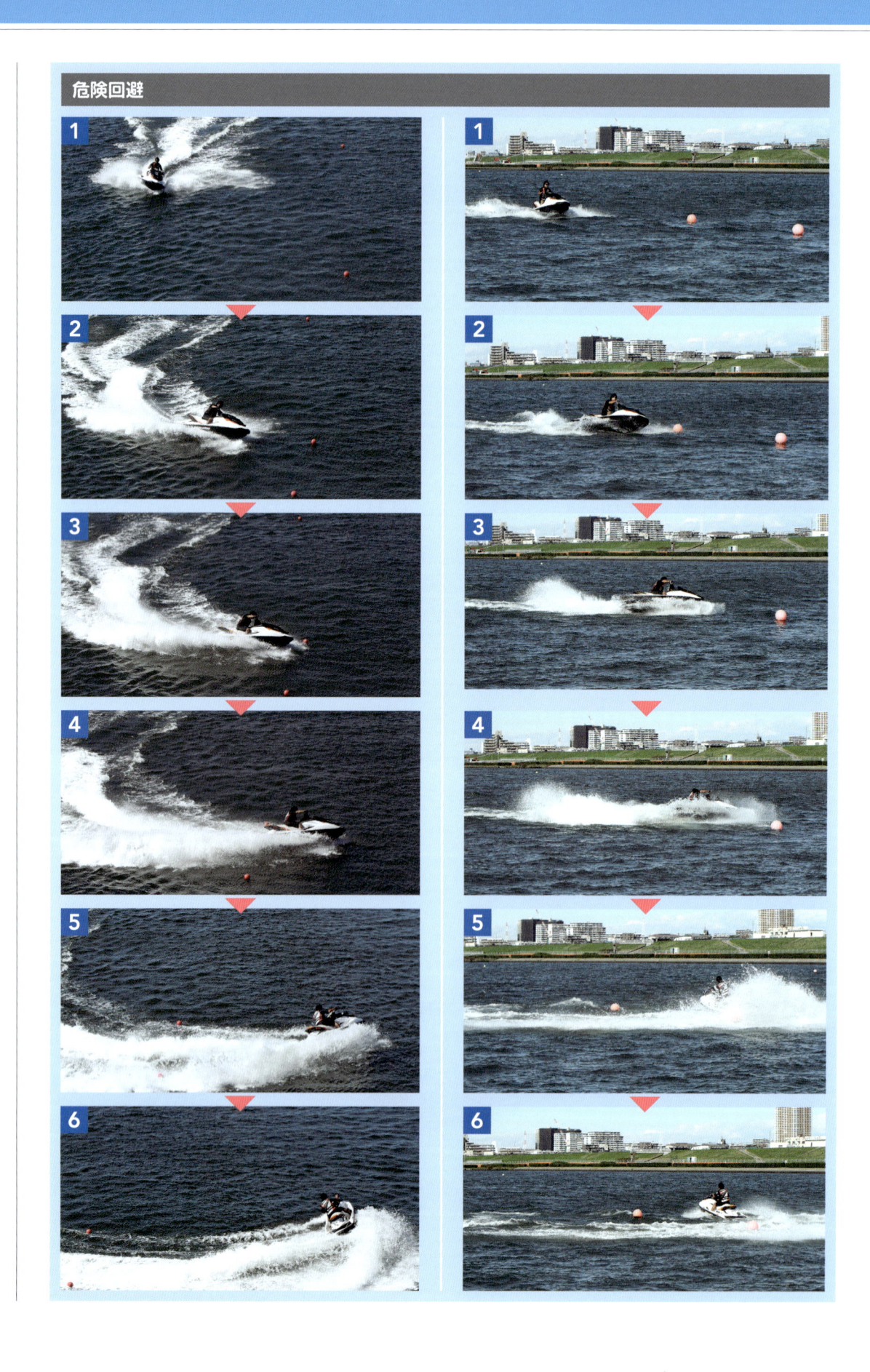

第5課 人命救助

　人命救助作業は、迅速で適切な操縦技術が要求されます。実際に救助することになってもあわてないように、練習を積んでおきましょう。

1 救助方法

　航行中に、要救助者を発見したとの想定で、練習用のブイを使って救助を行う実習の一例です。

1	航行中にブイが投下されたら、操縦者の肩をたたくなどして、要救助者（ブイ）がいることが知らされます。	
2	操縦者は、ただちにスロットルレバーを戻して減速し、ブイを確認します。	
3	風・潮流の影響を素早く判断して接近する方向を決定し、周囲の安全を確認した後、発進します。安全に、迅速に救助することを最優先します。	
4	救助する舷を決定します。ブイを見失わないように、見張りを続けます。引き波の影響を与えないように、接近していきます。	

5	ブイの手前10〜20メートルくらいになったらスロットルレバーを戻して、微速で接近していきます。針路が安定しないようなら、少しスロットルを開けます。	
6	ブイに接近しながら、手を伸ばして救助します。ブイに艇体をぶつけないように注意します。状況によってエンジンを停止します。 （注）実際に要救助者を引き揚げるときは、ジェットインテークから衣類等を吸い込まないように、状況に応じてエンジンを停止します。	
7	ブイに手が届かない場合に、大きく身を乗り出すとバランスがくずれて、転覆（てんぷく）するおそれがあるので注意します。	
8	救助に失敗した場合は、再度、救助に向かいます。	

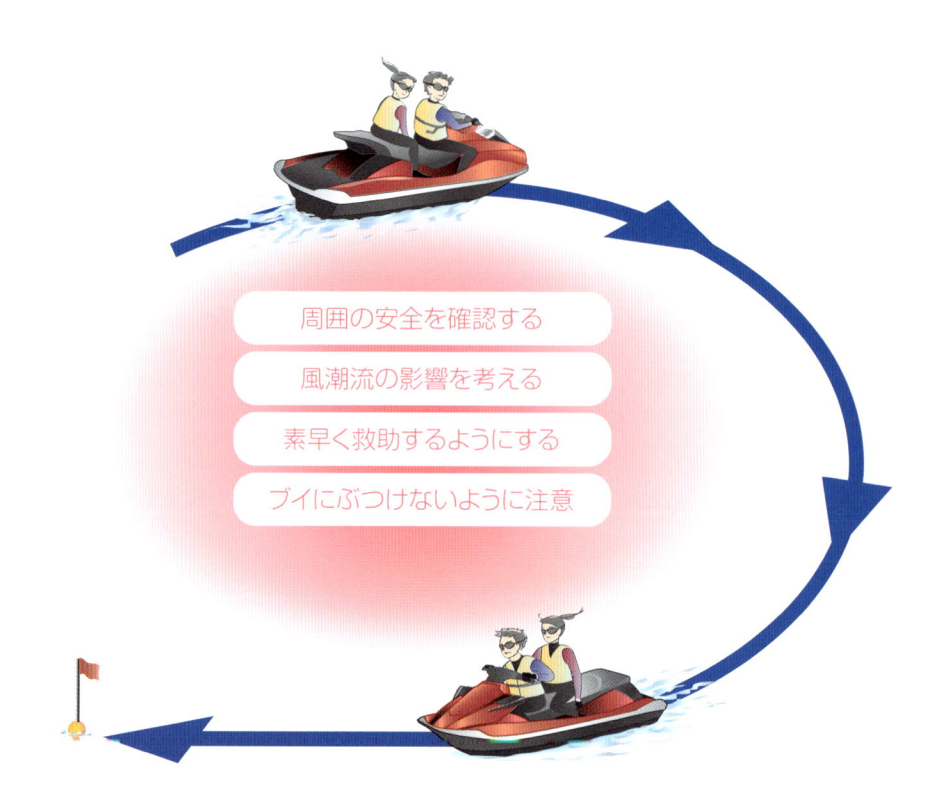

周囲の安全を確認する

風潮流の影響を考える

素早く救助するようにする

ブイにぶつけないように注意

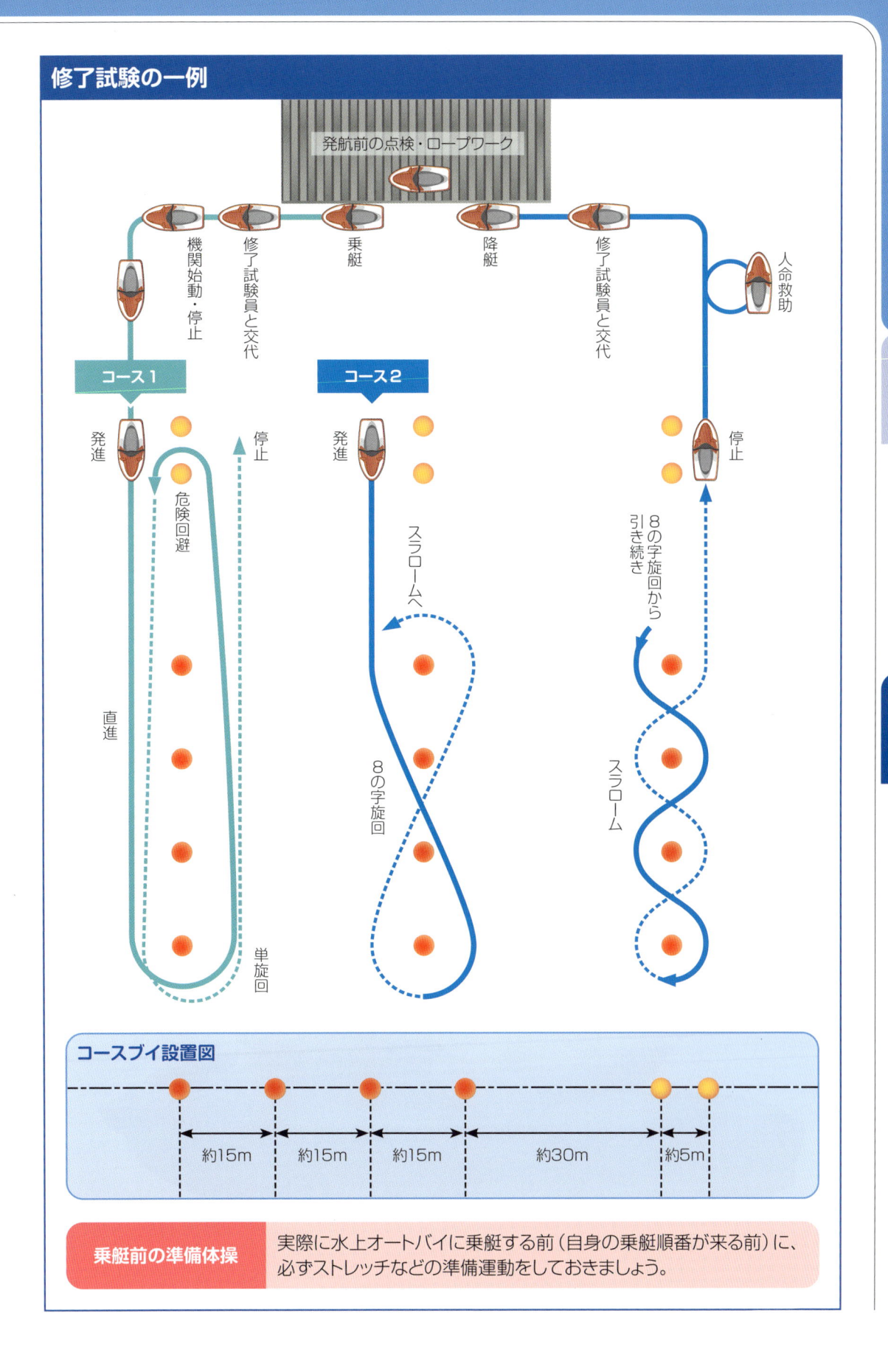

修了試験の一例

発航前の点検・ロープワーク

機関始動・停止　修了試験員と交代　乗艇　降艇　修了試験員と交代　人命救助

コース1　コース2

発進　停止　発進　停止

危険回避

スラロームへ

8の字旋回から引き続き

直進　単旋回　8の字旋回　スラローム

コースブイ設置図

約15m　約15m　約15m　約30m　約5m

乗艇前の準備体操　実際に水上オートバイに乗艇する前（自身の乗艇順番が来る前）に、必ずストレッチなどの準備運動をしておきましょう。

実技に関する科目

第1章　小型船舶の取扱い

第2章　操縦

143

実習（試験）に使用する主な船舶の概要

特殊小型船舶操縦士の実技講習に使用する水上オートバイは、3人乗りのシッティングタイプです。実習は、実技教員が同乗して2名で行います。

実技講習用使用艇（例）

船舶職員及び小型船舶操縦者法では、特殊小型船舶を次のように定めています。

① 長さ4メートル未満、かつ、幅1.6メートル未満の小型船舶であること。

② 定員が2名以上の小型船舶にあっては、操縦位置及び乗船者の着座位置が直列のものであること。

③ ハンドルバー方式の操縦装置を用いる小型船舶その他の身体のバランスを用いて操縦を行うことが必要な小型船舶であること。

④ 推進機関として内燃機関を使用したジェット式ポンプを駆動させることによって航行する小型船舶であること。

⑤ 操縦者が船外に転落した際、推進機関が自動的に停止する機能を有する等操縦者がいない状態の小型船舶が船外に転落した操縦者から大きく離れないような機能を有すること。

MEMO

特殊小型船舶操縦士教本

令和元年11月1日　初版発行
令和6年11月1日　第2版　第2刷

［著作権所有］

一般財団法人 日本海洋レジャー安全・振興協会

〒231-0005
神奈川県横浜市中区本町4-43 A-PLACE馬車道
https://www.jmra.or.jp
TEL:045-264-4172　FAX:045-264-4197

［発行所］

株式会社 舵社

〒105-0013
東京都港区浜松町1-2-17
ストークベル浜松町
TEL:03-3434-5181　FAX:03-3434-2640
https://www.kazi.co.jp

ISBN978-4-8072-3177-5 C2075